Mein Mathebild –
Arbeiten in der *mathewerkstatt*

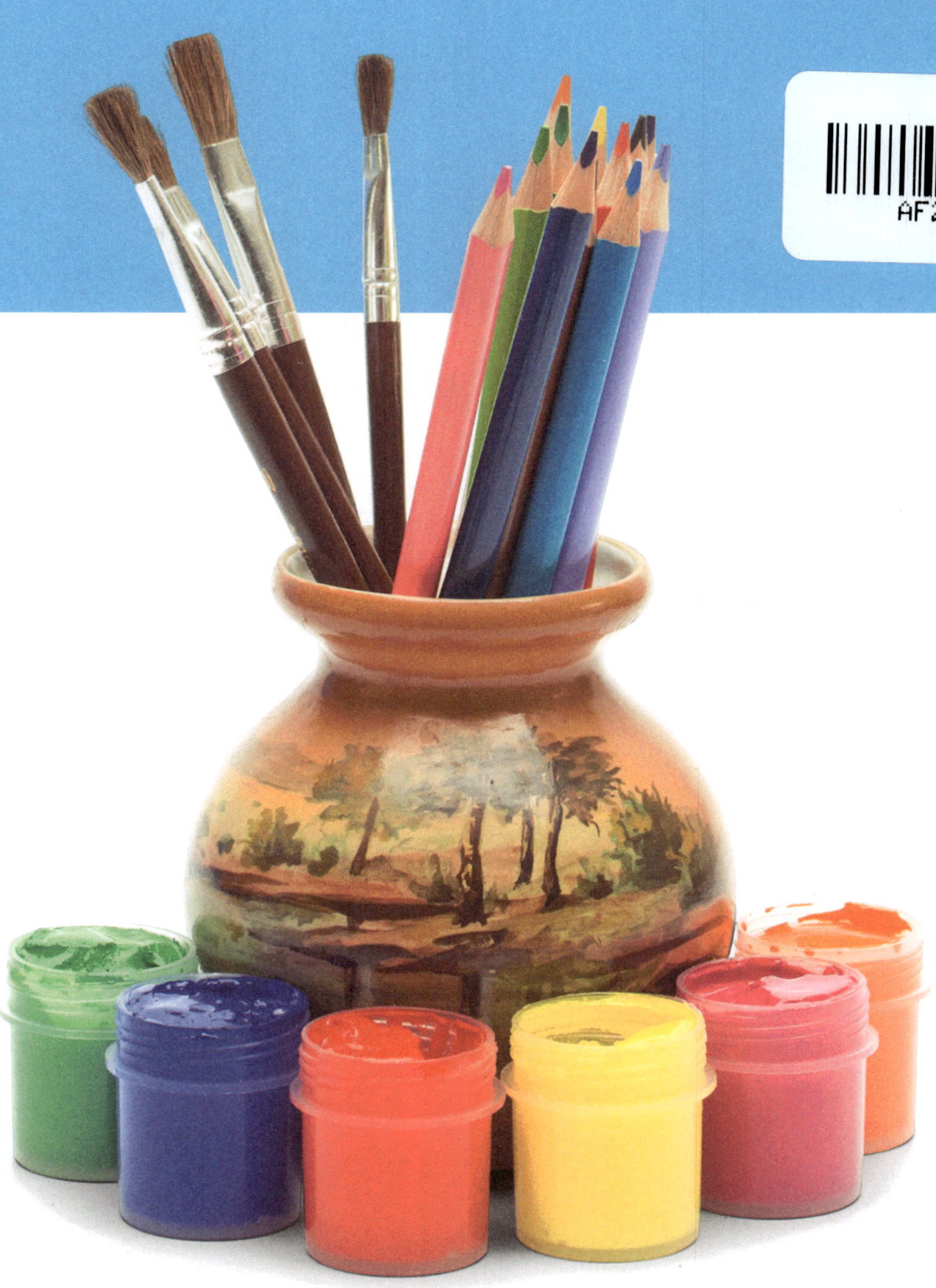

Seite im **Materialblock**:

▶ Wissensspeicher　　　　　　　　Seite MB 2

Wissensspeicher   Dreiecke und Vielecke

Wenn man ein Vieleck in Dreiecke aufteilt … ______________________

____

____

____

____

____

____

Meine Beispiele:

Wissensspeicher   Dreiecke und Vielecke

Raum und Form

zu O1, S. 9, Kapitel „Mein Mathebild", *mathewerkstatt* Bd. 1 (Kl. 5)

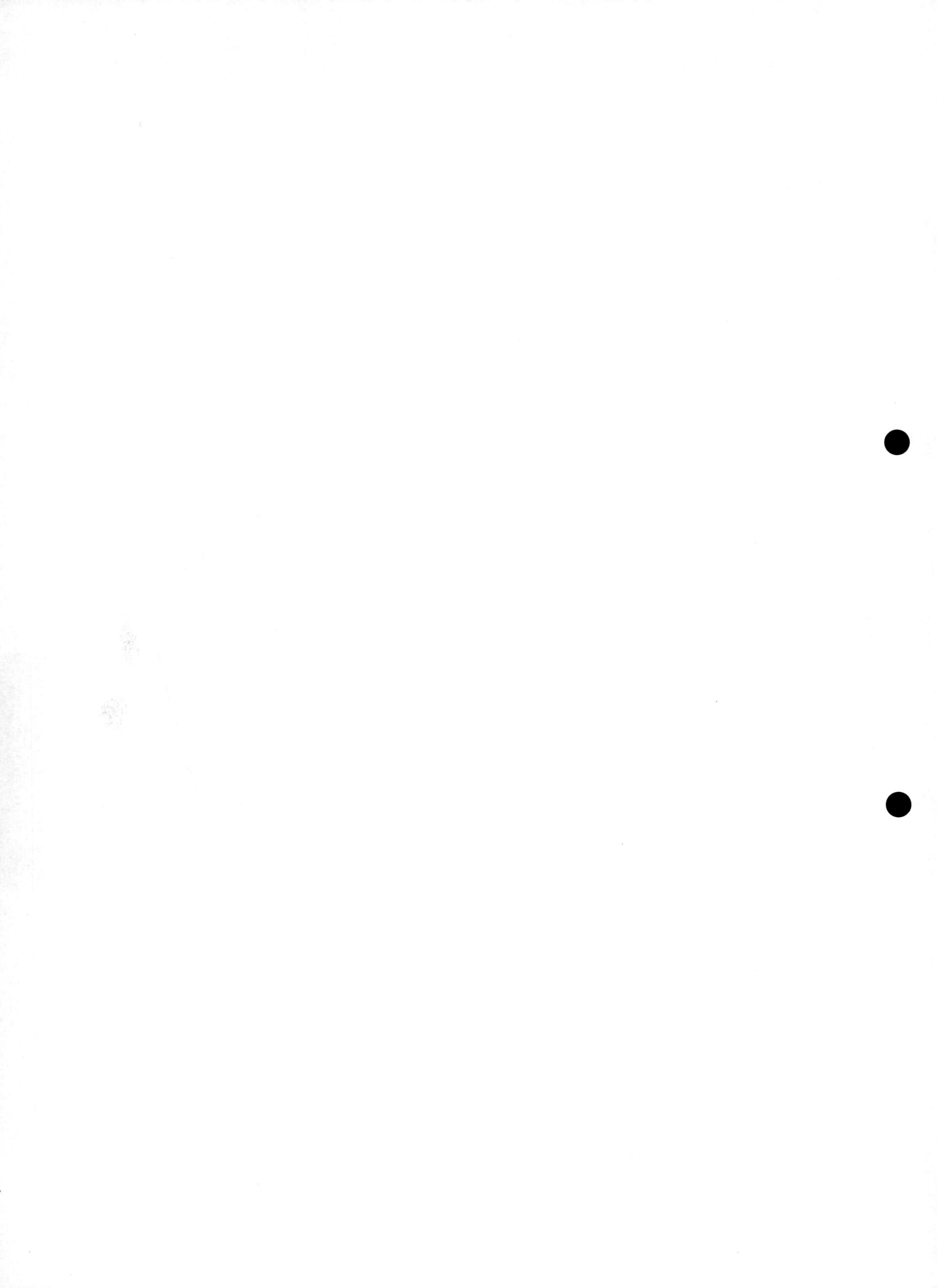

Meine Klasse und ich – Zahlenangaben sammeln und vergleichen

Seiten im **Materialblock**:

Wissenspeicher   Diagramme

Ein **Diagramm** ist ein Schaubild, aus dem man schnell einen Überblick über viele Daten gewinnen kann.
Es gibt verschiedene Arten von Diagrammen.

Meine Beispiele aus Zeitschriften, Tageszeitungen, Internet:

Daten und Zufall

zu O1, S. 20, Kapitel „Meine Klasse und ich", *mathewerkstatt* Bd. 1 (Kl. 5)

Wissensspeicher   Balkendiagramm und Säulendiagramm

So sieht ein Balkendiagramm aus

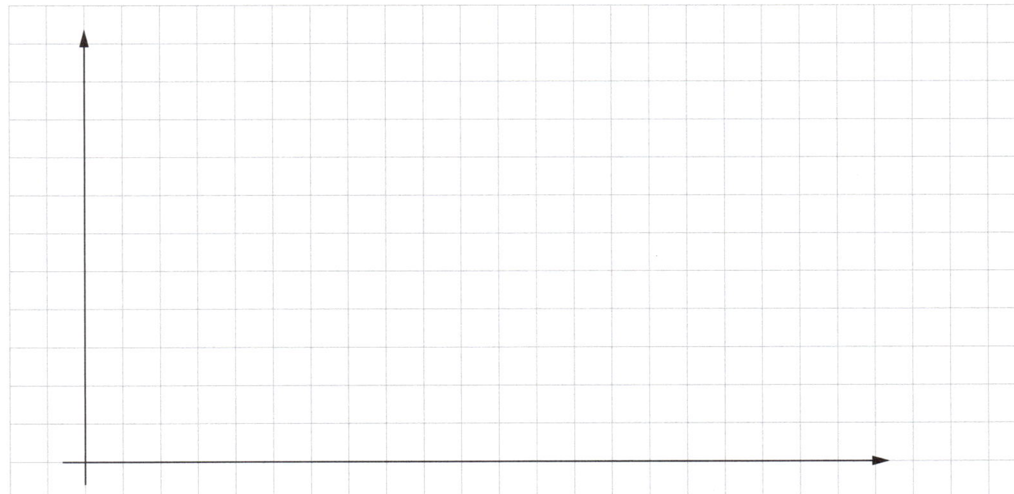

So sieht ein Säulendiagramm aus

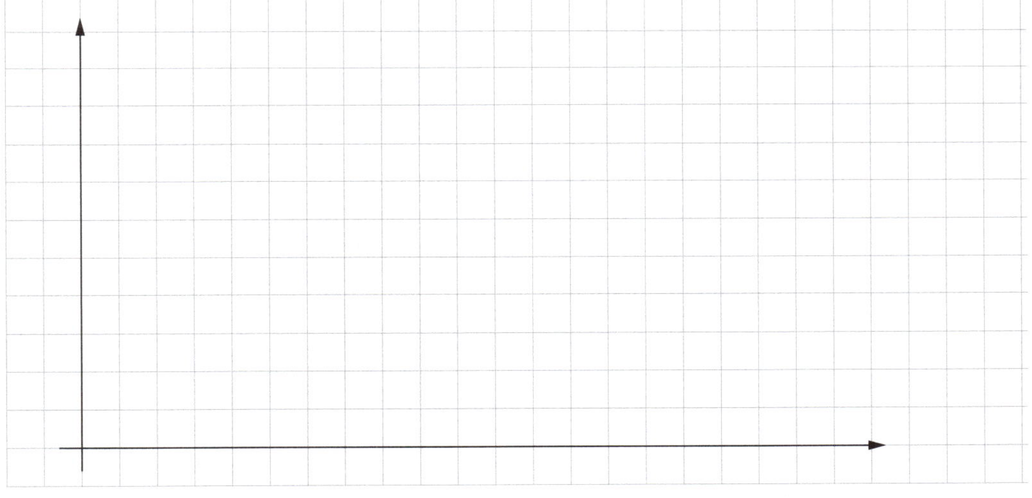

Mein Lieblingsdiagramm

Das _______________________-Diagramm ist mir am liebsten.

Meine Begründung:

____

____

____

____

zu O1, S. 20, Kapitel „Meine Klasse und ich", Schulbuch *mathewerkstatt* Bd. 1 (Kl. 5)

Daten und Zufall

Wissensspeicher

Die Mittelwerte Durchschnitt und Zentralwert

Mittelwerte wie Durchschnitt und Zentralwert können als Beispiel für die Daten einer ganzen Gruppe stehen.

Der Durchschnitt (auch: arithmetischer Mittelwert)

Die beiden Fotos passen zu Pias Weg zur Bestimmung des Durchschnitts, weil …

____

____

Die fünf Münztürme im Foto oben links bestehen aus 18, 5, 26, 9 und 12 Münzen. So berechnet man den Durchschnitt der Anzahl der Münzen in den Münztürmen:

Der Zentralwert (auch: Median)

Die beiden Fotos passen zu Oles Weg zur Bestimmung des Zentralwerts, weil …

____

____

So bestimmt man den Zentralwert der Anzahl der Münzen in den fünf Münztürmen:

Wenn es eine gerade Anzahl von Daten gibt,

____

____

zu O3, S. 21, Kapitel „Meine Klasse und ich", Schulbuch *mathewerkstatt* Bd. 1 (Kl. 5)

Arbeitsmaterial   **Fragebogen**

Fragebogen: Unsere Schulwege

Frage 1: Wie weit wohnst du von der Schule weg?
(Falls du das nicht weißt, gib rechts deine Adresse an.)

- ❏ unter 1 km
- ❏ 1 bis 2 km
- ❏ 2 bis 3 km
- ❏ 3 bis 4 km
- ❏ 4 bis 5 km
- ❏ mehr als 5 km

Frage 2: Wie kommst du (meistens) zur Schule?
- ❏ zu Fuß
- ❏ mit dem Fahrrad
- ❏ mit dem Bus
- ❏ mit dem Zug / Straßenbahn / U-Bahn / S-Bahn
- ❏ mit dem Auto gebracht
- ❏ ____

Frage 3: Welche Grundschule hast du besucht?

____

Frage 4: Bist du ein Mädchen oder ein Junge?
- ❏ Mädchen
- ❏ Junge

Arbeitsmaterial   Würfelkarten

Schneide zuerst die vier Würfelkarten aus diesem Blatt aus.
Wähle verdeckt eine der Karten aus.
Benutze die Karte so, als ob du 40 Würfel geworfen hättest.

Arbeitsmaterial   Würfelkarten

Checkliste
Meine Klasse und ich – Zahlenangaben sammeln und vergleichen

Ich kann … Ich kenne …	So gut kann ich das …	Hier kann ich üben …
Ich kann Daten sammeln (z. B. aus einer Tabelle ablesen), zählen und zusammenfassen. Sammle die Körpergrößen aller Kinder aus deiner Klasse. Zähle mit einer Strichliste und fasse zusammen, wer kleiner oder gleich 1,30 m groß ist, wer zwischen 1,31 m und 1,40 m groß ist, zwischen 1,41 m und 1,50 m usw.		S. 22 Nr. 1 a, 2
Ich kann Anzahlen in einem Säulen- oder Balkendiagramm darstellen. Erstelle zu den folgenden Daten ein Säulen- oder Balkendiagramm.		S. 22 Nr. 1 b, 2 b S. 22 Nr. 3 c S. 23 Nr. 4 b

Lieblingstiere			
Katze	Hund	Pferd	Meerschweinchen
7	6	8	11

Ich kann … Ich kenne …	So gut kann ich das …	Hier kann ich üben …
Ich kann Informationen aus Diagrammen ablesen. Was kommt in den folgenden Diagrammen jeweils am häufigsten vor? Was kommt am seltensten vor? Was kommt genau 4-mal vor?		S. 22 Nr. 2 c S. 22 Nr. 3 a–c S. 23 Nr. 4 a, 5
Ich kann den Durchschnitt zu gegebenen Daten bestimmen. Bestimme zu den Daten 13, 17, 19, 12, 15 den Durchschnitt.		S. 24 Nr. 6, 8 S. 25 Nr. 9, 11 S. 26 Nr. 14
Ich kann zu einem gegebenen Datensatz einen ungefähren Durchschnitt schätzen. Schätze ohne viel zu rechnen, wie viel die Schüler auf dem Wandertag im Durchschnitt ausgegeben haben. Die einzelnen Ausgaben lauten: 0 €, 0 €, 3 €, 4 €, 7 €, 7 €.		S. 25 Nr. 9, 10 S. 26 Nr. 13
Ich kann den Zentralwert zu gegebenen Daten bestimmen. Bestimme zu den Daten 13, 17, 19, 12, 15 den Zentralwert.		S. 27 Nr. 15, 16 S. 27 Nr. 17 S. 29 Nr. 21
Ich kann erklären, was Durchschnitt und Zentralwert bedeuten und was der Unterschied zwischen diesen beiden Mittelwerten ist. Was bedeutet: „Der Durchschnitt des Taschengeldes unserer Klasse ist 21 €"? Was bedeutet: „Der Zentralwert des Taschengeldes unserer Klasse ist 15 €"?		S. 27 Nr. 16, 17 S. 28 Nr. 18
Ich kann mir zu einer gegebenen Zahl Daten ausdenken, sodass diese Zahl der Durchschnitt oder der Zentralwert der Daten ist. Denke dir vier Zahlen aus, deren Durchschnitt 6 ist.		S. 24 Nr. 8 c S. 26 Nr. 12 S. 28 Nr. 20 S. 29 Nr. 22, 23

zur Checkliste, S. 30, Kapitel „Meine Klasse und ich", *mathewerkstatt* Bd. 1 (Kl. 5)

Was kann ich schon? – Rechenbausteine

Seiten im **Materialblock:**

▶ Checkliste   ab Seite MB 11

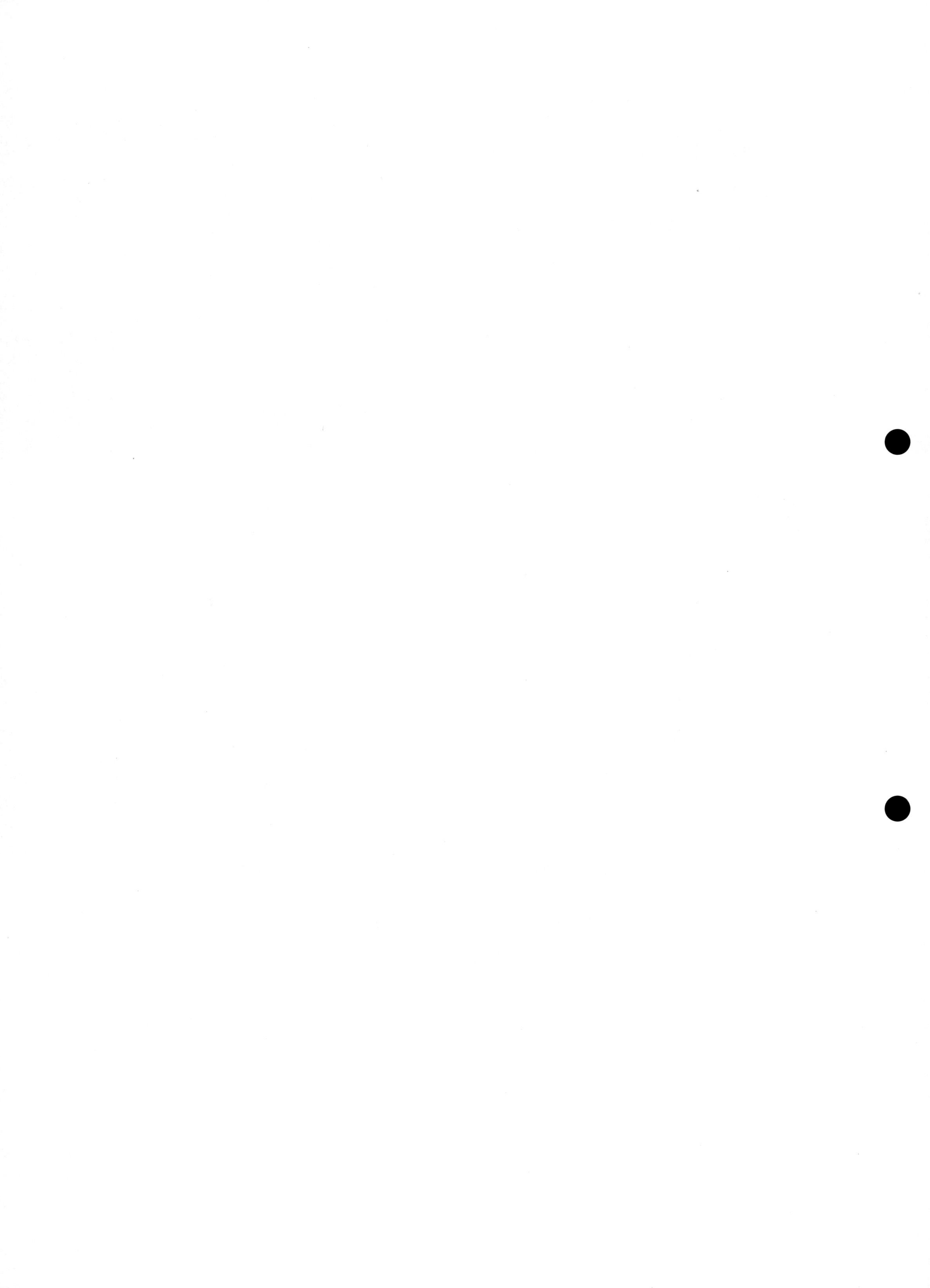

Arbeitsmaterial   Wie arbeite ich mit den Rechenbausteinen?

Die Rechenbausteine helfen dir zu überprüfen, was du noch zum Darstellen von Zahlen
weißt und wie gut du mit den natürlichen Zahlen rechnen kannst.
Die Rechenbausteine geben dir auch die Möglichkeit Vergessenes zu wiederholen
oder bestimmte Aufgaben zu üben oder noch besser zu verstehen.

Schrittfolge zur Arbeit mit den Rechenbausteinen

1	Suche im *Rechenbausteine-Selbsttest* den Baustein, zu dem du dein Wissen testen möchtest.
2	Schlage die erste Seite des Bausteins auf und klappe die orangene Seite nach hinten.
3	Lies dir die Aufgaben sorgfältig durch und trage die Lösungen ein.
4	Klappe die orangene Seite wieder zurück und vergleiche die Lösungen. Kreuze die Antwort an, die am besten zu deiner Lösung passt.
5	Gibt es noch weitere Seiten zu dem Baustein, in dem du gerade bist? Dann löse auch diese Aufgaben. Aber denke daran: **Wegklappen – Lösen – Zurückklappen – Vergleichen**
6	Auf den orangenen Seiten befinden sich rechts in der Tabelle Aufgabennummern. Übertrage diese Aufgabennummern aus den angekreuzten Zeilen in das Feld ganz unten. Dies ist dein Arbeitsplan.
7	Die Aufgabennummern findest du im Heft *Rechenbausteine-Training*. Bearbeite dort alle Aufgaben aus deinem Arbeitsplan.
8	Hast du alle Aufgaben aus deinem Arbeitsplan bearbeitet, frage die Lehrkraft nach einem Nachtest. So kannst du überprüfen, ob du alles richtig verstanden hast.
9	Immer wenn du einen Baustein beendet hast, darfst du hier einen Pokal ausschneiden und ihn auf der Checkliste (Materialblock Seite 12 und 13) neben den Baustein kleben.

zu S. 31, Kapitel „Was kann ich schon? – Rechenbausteine", *mathewerkstatt* Bd. 1 (Kl. 5)

Checkliste   Was kann ich schon? – Rechenbausteine (Seite 1 von 2)

Name: _______________________________________

Die Checkliste zeigt dir,
was du in den Rechenbausteinen
gelernt hast.

	geschafft 🙂
THEMA 1: Zahlen und Rechnungen lesen und darstellen	
A1 Ich kann Zahlen in der Stellentafel ablesen und darstellen. **A2** Ich kann Zahlen in der Stellentafel ordnen. **A3** Ich kann Additionen in der Stellentafel ablesen und darstellen. **A4** Ich kann in der Stellentafel Aufgaben wie „mal 10" oder „durch 100" darstellen.	
B1 Ich kann Zahlen auf dem Zahlenstrahl eintragen. **B2** Ich kann Zahlen am Zahlenstrahl ungefähr anordnen. **B3** Ich kann am Zahlenstrahl addieren und subtrahieren.	
C1 Ich kann Fachwörter in Rechnungen übersetzen. **C2** Ich kann Rechnungen mit Worten beschreiben.	
THEMA 2: Addieren und Subtrahieren	geschafft 🙂
D1 Ich kann zwei Zahlen schriftlich addieren. **D2** Ich kann mehrere Zahlen schriftlich addieren.	
E1 Ich kann zwei Zahlen schriftlich subtrahieren. **E2** Ich kann mehrere Zahlen schriftlich subtrahieren.	
F1 Ich kann auf mehreren Wegen addieren und subtrahieren. **F2** Ich kann geschickt addieren und subtrahieren. **F3** Ich kann das ungefähre Ergebnis im Kopf überschlagen.	

Checkliste   Was kann ich schon? – Rechenbausteine (Seite 2 von 2)

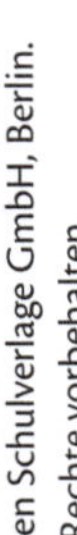

	geschafft 🙂
THEMA 3: Multiplizieren	
G1 Ich kann zu Situationen passende Rechenaufgaben finden. G2 Ich kann Multiplikationen in Bildern erkennen und darstellen.	
H1 Ich kann einfache Einmaleins-Aufgaben sicher lösen. H2 Ich kann alle Einmaleins-Aufgaben sicher lösen. H3 Ich kann Einsdurcheins-Aufgaben sicher lösen.	
I1 Ich kann mit Zehner-Zahlen multiplizieren. I2 Ich kann mit dem Malkreuz multiplizieren. I3 Ich kann Zahlen bis 1000 mit Zahlen unter 10 multiplizieren.	
J1 Ich kann schriftlich mit einer Zahl unter 10 multiplizieren. J2 Ich kann Zahlen bis 1000 schriftlich multiplizieren.	
K1 Ich kann auf mehreren Wegen multiplizieren. K2 Ich kann beim Multiplizieren das Ergebnis im Kopf überschlagen. K3 Ich kann Multiplikationsaufgaben so umformen, dass man einfacher rechnen kann.	
THEMA 4: Dividieren	geschafft 🙂
L1 Ich kann zu Situationen passende Rechenaufgaben finden. L2 Ich kann mit Rest dividieren. L3 Ich kann Divisionen in Rechteck-Bildern erkennen und darstellen. L4 Ich kann Divisionen in Bildern erkennen und darstellen.	
M1 Ich kann im Kopf dividieren. M2 Ich kann Zehner-Zahlen dividieren. M3 Ich kann Divisionsaufgaben überschlagen.	
N1 Ich kann große Zahlen durch Zahlen unter 10 schriftlich dividieren. N2 Ich kann große Zahlen durch Zahlen unter 100 dividieren. N3 Ich kann Divisionen durch Überschlagen kontrollieren.	
THEMA 5: Vernetzung	geschafft 🙂
O1 Ich kann zu Sachaufgaben passende Rechenarten finden.	

Verpackungen –
Mathematische Körper
beschreiben, herstellen, zeichnen

Seiten im **Materialblock**:

Wissensspeicher   Fachwörter zu Körpern und Flächen

Fachwörter zum Beschreiben von Formen: Meine Wörterliste

Körper (3-dimensional)		Flächen (2-dimensional)	
	⬤		◯
	△		△
	(Prisma)		⬠
	(Kegel)		▭
	(Zylinder)		▢
	(Quader)		
	(Würfel)		

Wie heißen die folgenden Teile eines Körpers?	Wie heißen die folgenden Teile einer Fläche?

Raum und Form

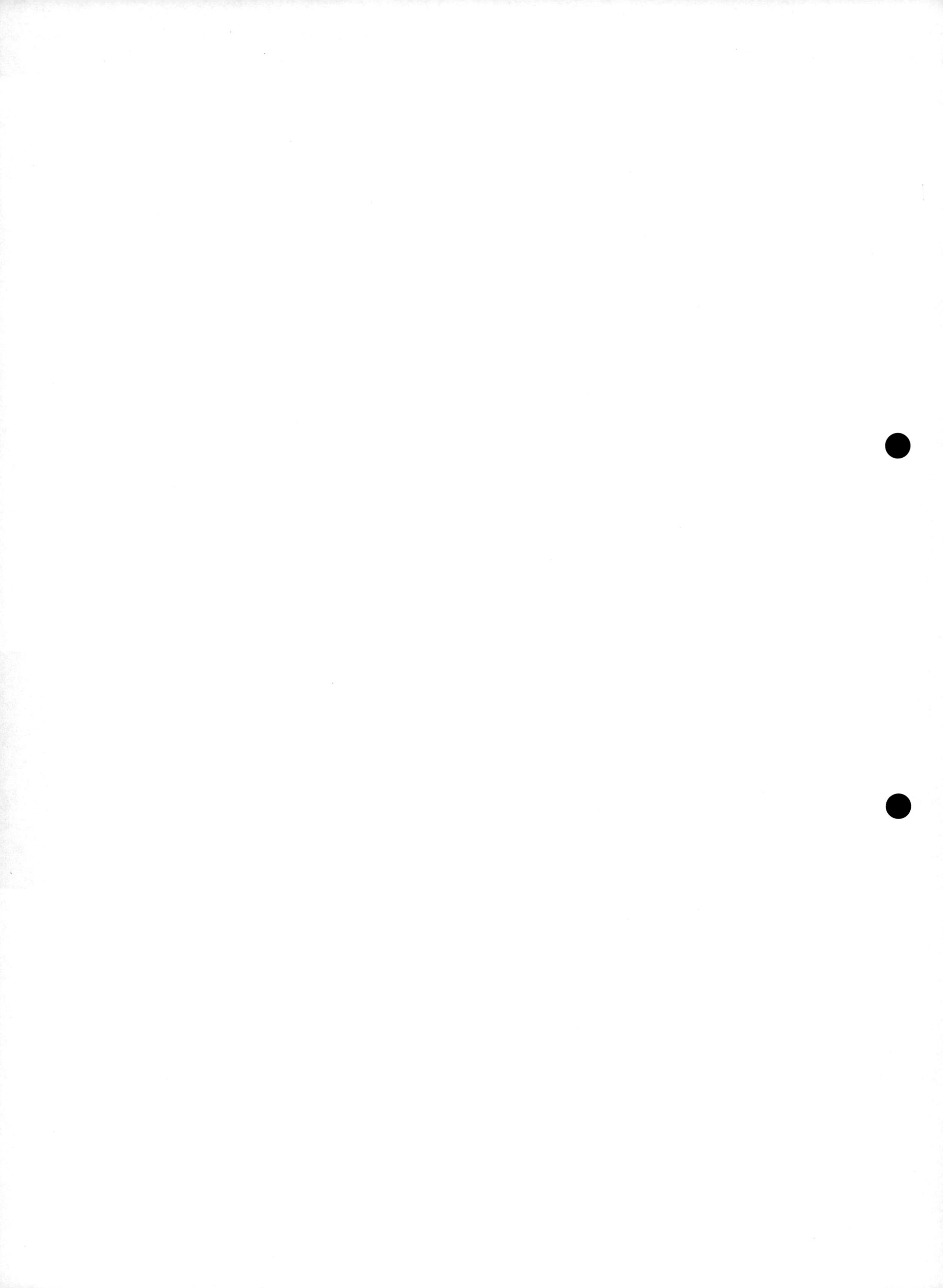

Wissensspeicher — Zueinander senkrechte und parallele Linien

So beschreibt man zwei gerade Linien, die zueinander senkrecht liegen

---

So sehen Bilder von zueinander senkrechten Linien aus

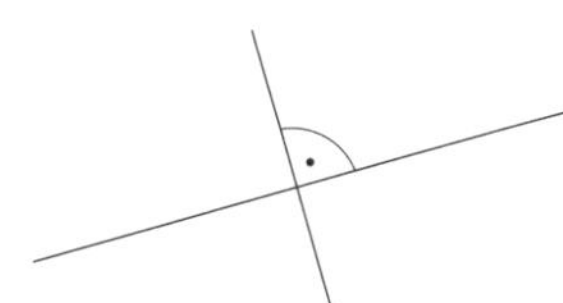

Mit zueinander senkrechten Linien kann man einen rechten Winkel bilden. Damit man einen Winkel auf den ersten Blick als rechten Winkel erkennt, kann man einen Punkt einzeichnen.

So beschreibt man zwei gerade Linien, die zueinander parallel liegen

---

So sehen Bilder von zueinander parallelen Linien aus

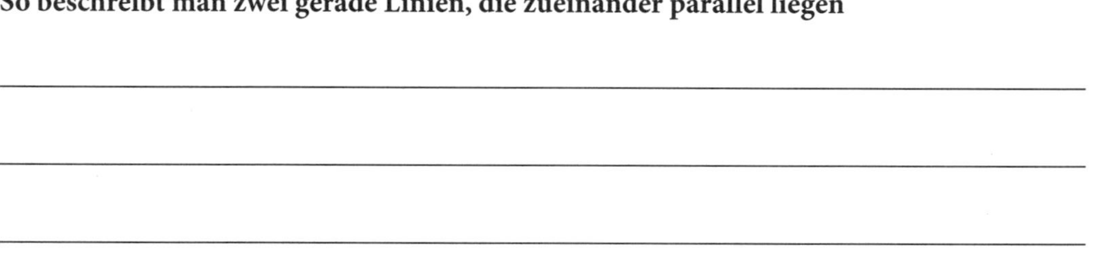

Raum und Form

zu O2, S. 43, Kapitel „Verpackungen", *mathewerkstatt* Bd. 1 (Kl. 5)

Wissensspeicher Senkrechte und parallele Linien mit dem Geodreieck zeichnen

Das Geodreieck ist ein sehr gutes Hilfsmittel, um zueinander senkrechte und parallele
Linien zu zeichnen.

So zeichnet man zu einer geraden Linie eine senkrechte Linie

Nicht so: Sondern so:

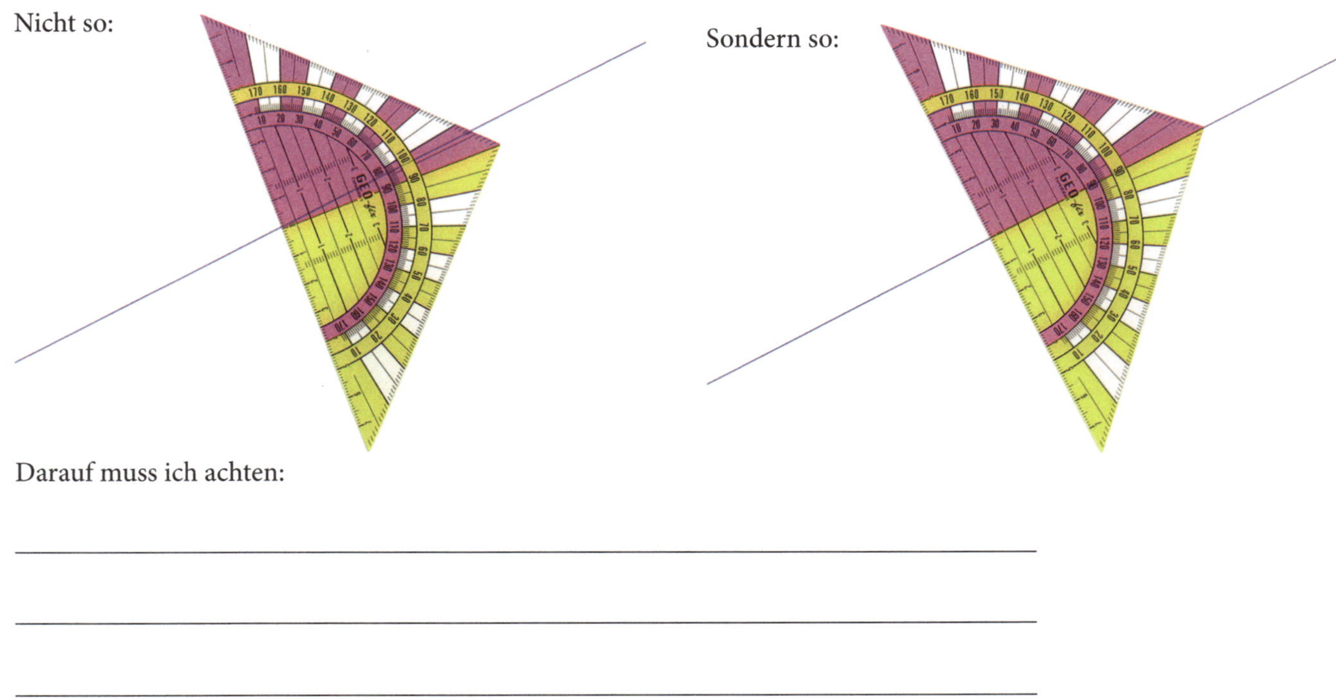

Darauf muss ich achten:

____

____

____

So zeichnet man zu einer geraden Linie eine parallele Linie

Nicht so: Sondern so:

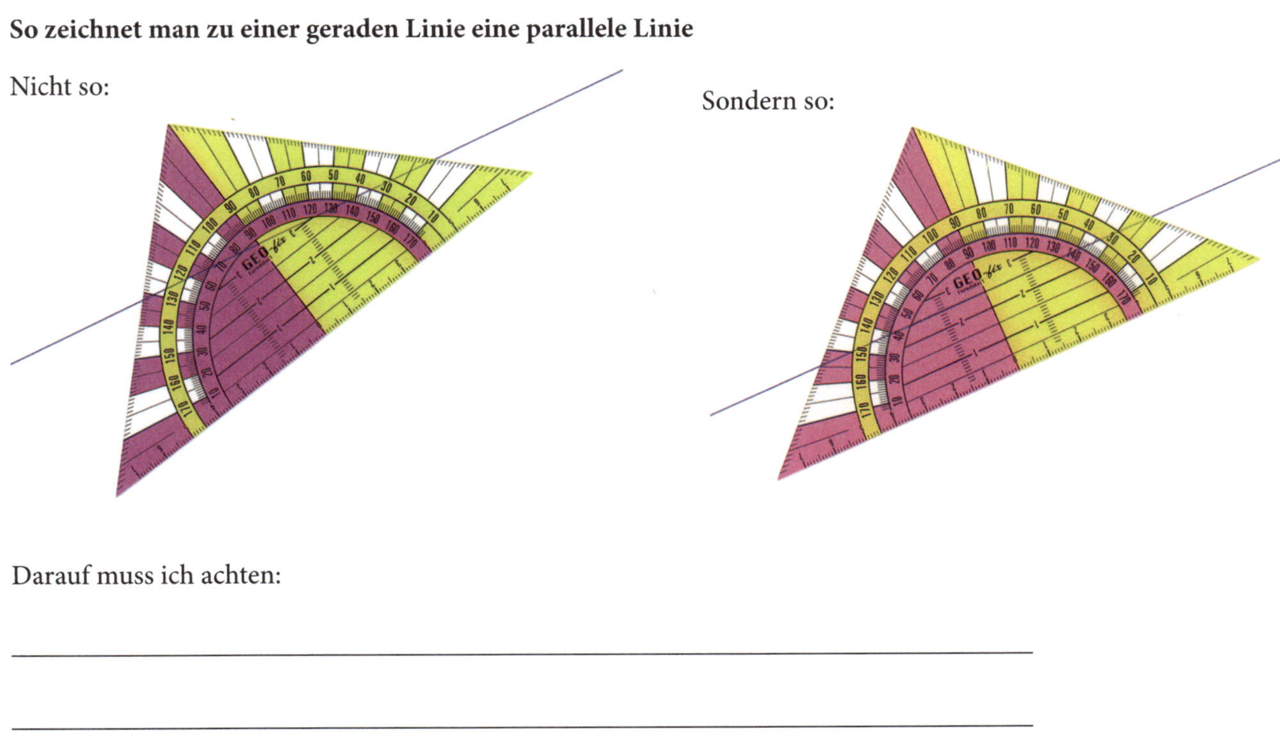

Darauf muss ich achten:

____

____

____

zu O3, S. 43, Kapitel „Verpackungen", mathewerkstatt Bd. 1 (Kl. 5)

Raum und Form

Wissensspeicher   Körpernetze erkennen und zeichnen

Ein Körpernetz ist ein Bastelbogen für einen Körper, nur ohne Klebelaschen.

Beispiele für Körpernetze:

So zeichnet man das Körpernetz eines Würfels

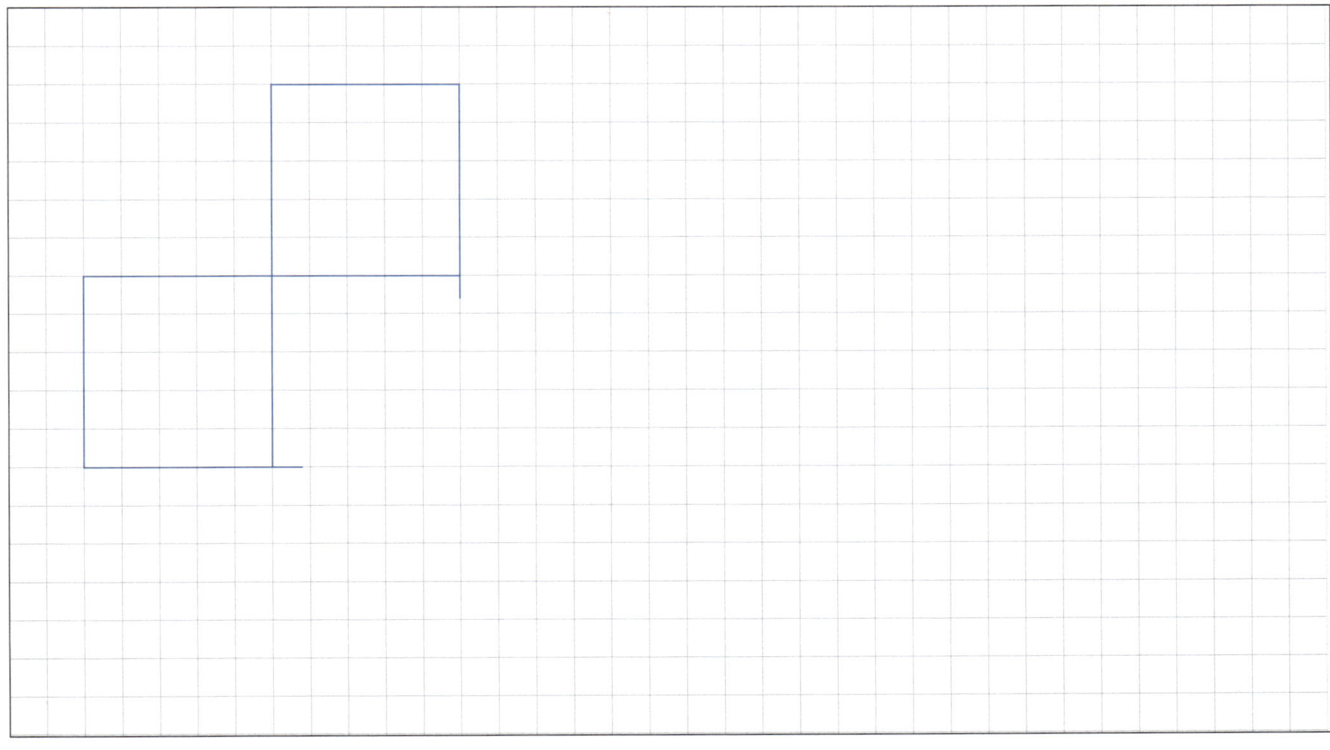

zu O4, S. 44, Kapitel „Verpackungen", *mathewerkstatt* Bd. 1 (Kl. 5)

Raum und Form

Wissensspeicher   Körper im Schrägbild zeichnen

Ein Schrägbild ist eine räumlich gezeichnete Darstellung eines Körpers.

So zeichnet man Schrägbilder

Quader mit 7 cm Breite, 3 cm Höhe und 4 cm Tiefe

1. Schritt:

Zuerst zeichnet man ein Rechteck mit 3 cm Höhe und 7 cm Breite.

Pro Zentimeter braucht man 2 Kästchen.

2. Schritt:

Für die Linien nach hinten (4 cm Tiefe) zeichnet man von jeder Ecke aus schräg nach rechts hinten. Für 4 cm zeichnet man schräg durch 4 Kästchen.

Vorher markiert man sich einzelne Punkte, durch die diese Linie gehen soll.

3. Schritt:

Raum und Form

zu O5, S. 44, Kapitel „Verpackungen", *mathewerkstatt* Bd. 1 (Kl. 5)

Arbeitsmaterial   Karten-Set zu Flächen und Körpern (Seite 1 von 2)

Schneide zuerst alle Karten aus diesem und dem folgenden Blatt aus.
Sortiere dann die Fachwörter den Bildern zu.

Kante	Kugel	Würfel	Prisma
Zylinder	Dreieck	Rechteck	Kreis
Quadrat	Seitenfläche	Kegel	Ecke
Viereck	Pyramide	Fünfeck	Quader

Arbeitsmaterial   Karten-Set zu Flächen und Körpern (Seite 2 von 2)

Schneide zuerst alle Karten aus diesem und dem vorhergehenden Blatt aus.
Sortiere dann die Fachwörter den Bildern zu.

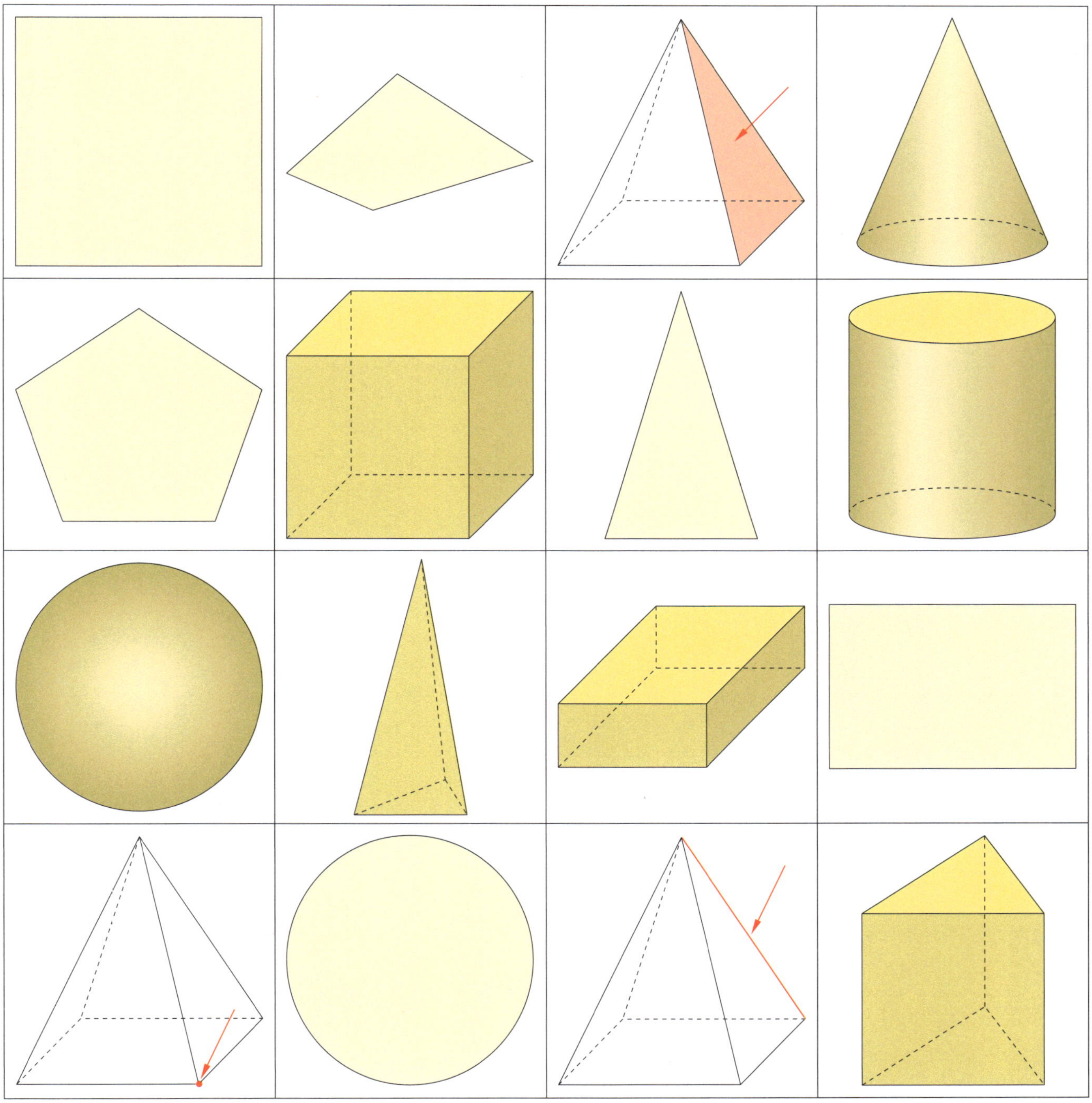

Arbeitsmaterial   Körpernetze

Schneide die Bilder aus und versuche, sie zu Körpern zusammenzufalten.
Klebe die Körpernetze in den Wissensspeicher „Körper 1" (MB 18) ein.

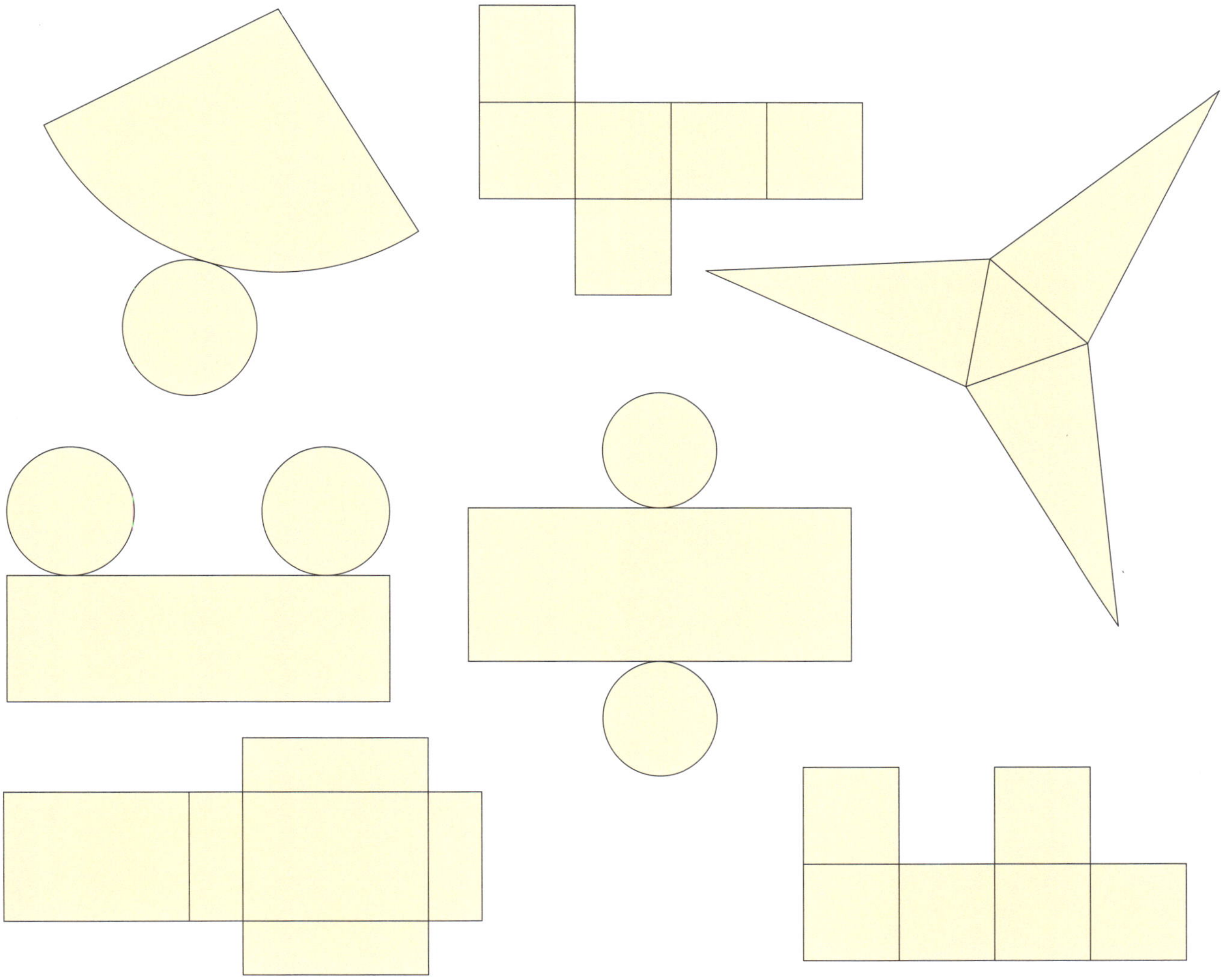

Arbeitsmaterial   Zueinander senkrechte und parallele Linien

Schneide die Bilder aus und klebe sie in den Wissensspeicher „Grundbegriffe 2" (MB 16) ein.

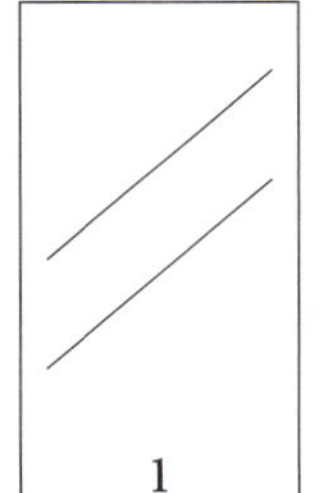
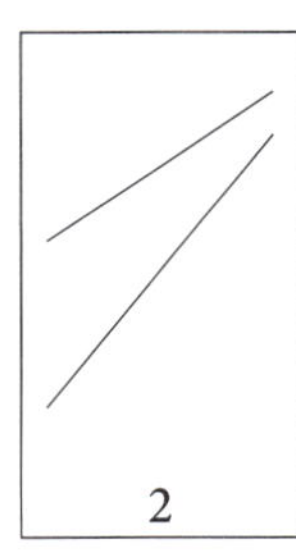
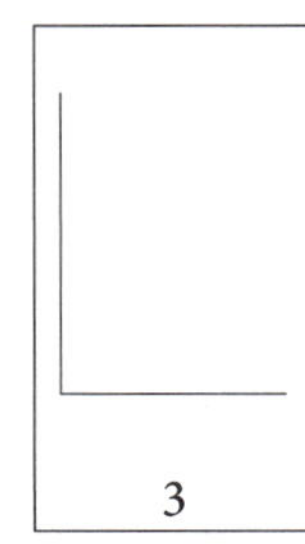
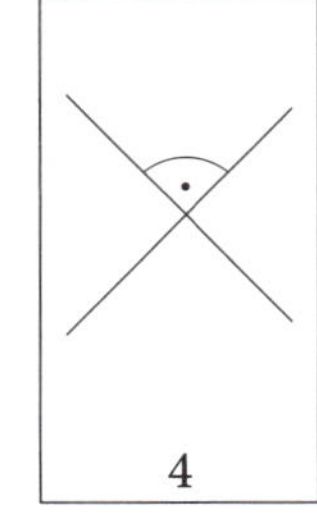
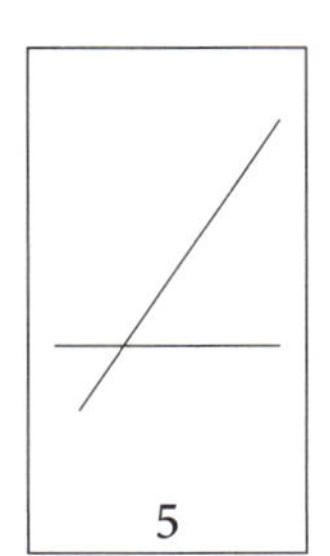

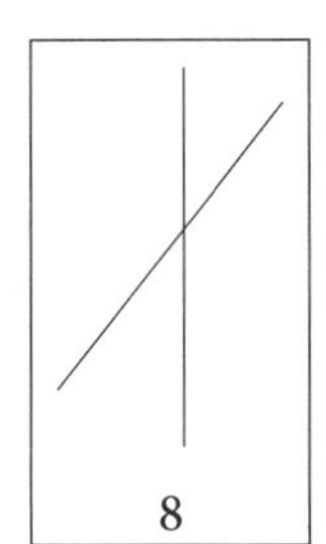

| 1 | 2 | 3 | 4 | 5 | 6 | 7 | 8 |

zu O4, S. 44 bzw. O2, S. 43, Kapitel „Verpackungen", *mathewerkstatt* Bd. 1 (Kl. 5)

Arbeitsmaterial   Unsere Bewertungsliste

Ergänze oben in der Tabelle die Namen der Kinder in der Tischgruppe.
Ergänze links in der Tabelle die Punkte, auf die man achten sollte.
Schreibe dann deine Meinung zu den einzelnen Punkten in die Tabelle.

Unsere Kriterien — Entwürfe von					mein eigener Entwurf
Verpackung ist ansprechend für Kinder					

zu O7, S. 45, Kapitel „Verpackungen", *mathewerkstatt* Bd. 1 (Kl. 5)

Arbeitsmaterial   Haas-Haus in Wien

Das Foto zeigt das Haas-Haus in Wien.
Markiere möglichst viele zueinander parallele und zueinander senkrechte Linien
durch unterschiedliche Farben.

Arbeitsmaterial   Haas-Haus in Wien

zu V16, S. 52, Kapitel „Verpackungen", *mathewerkstatt* Bd. 1 (Kl. 5)

Arbeitsmaterial   Spiralen zeichnen

Zeichne die Spirale weiter bis zum Punkt Z (wie ZIEL).
Beachte die Längenangaben.

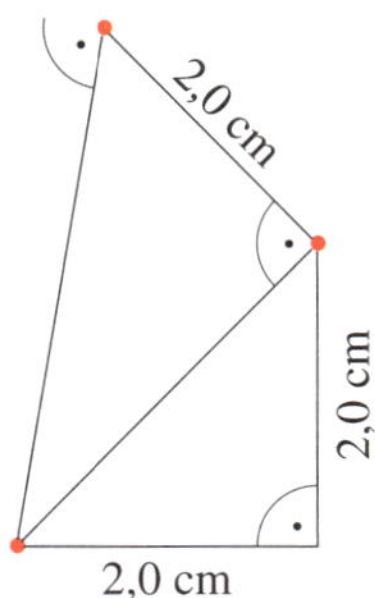

Z

Arbeitsmaterial   Labyrinthe mit rechten Winkeln

Rechts wurde der Anfang einer
Rotkohlreihe gezeichnet.

Zeichne die Linie weiter, auf der
der Gärtner pflanzen muss.

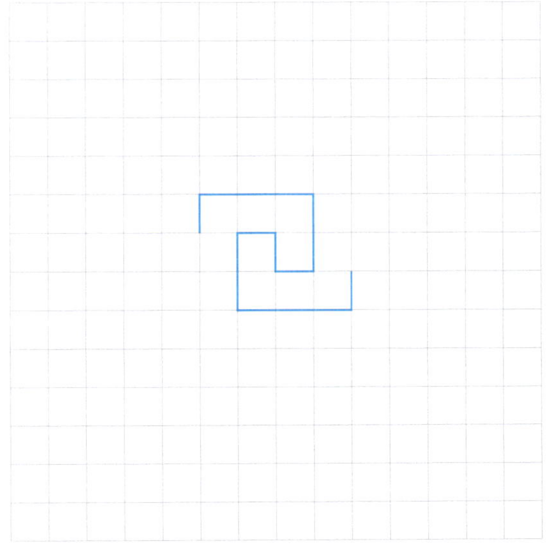

Arbeitsmaterial   Bastelbogen für ein fünfeckiges Prisma

Das ist der Anfang eines Bastelbogens für ein fünfeckiges Prisma.
Ergänze die beiden Seitenflächen, die noch fehlen.
Schneide dann den Bastelbogen genau auf den äußeren Linien aus,
falte ihn sorgfältig zusammen und befestige die Klebelaschen.

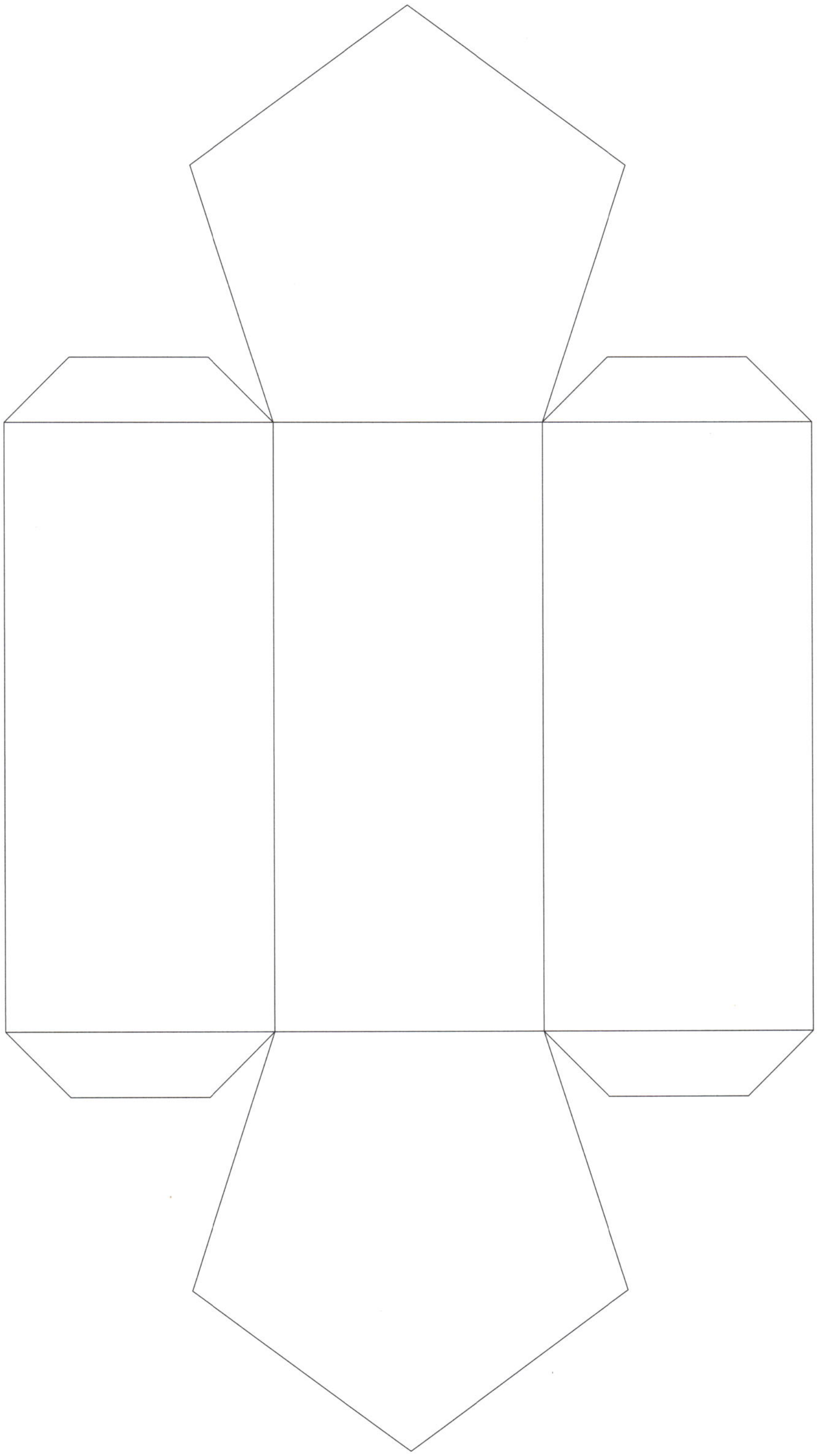

Checkliste

Verpackungen –
Mathematische Körper beschreiben, herstellen, zeichnen

Ich kann … Ich kenne …	So gut kann ich das …	Hier kann ich üben …
Ich kann Flächen erkennen und benennen. Wie heißen die abgebildeten Flächen?   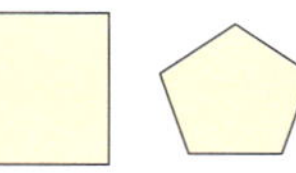 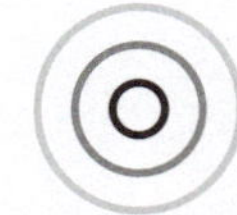	◉	S. 46 Nr. 1, 2, 3
Ich kann Körper erkennen und benennen. Wie heißen die abgebildeten Körper? 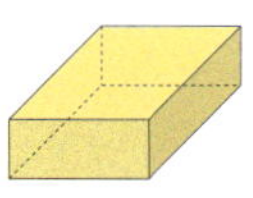 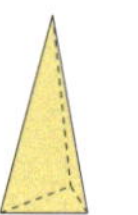 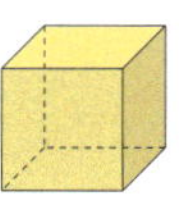 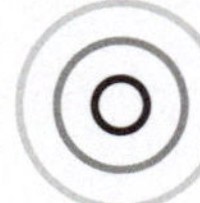	◉	S. 46 Nr. 1, 2, 3 S. 47 Nr. 4 S. 50 Nr. 11, 12
Ich kann Eigenschaften von Körpern und Flächen beschreiben. Wie viele Seitenflächen, Ecken und Kanten hat der gezeigte Körper? Welcher Körper besteht aus vier Dreiecken? 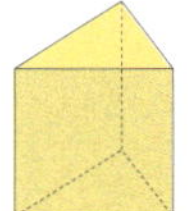	◉	S. 47 Nr. 5, 6 S. 50 Nr. 11, 12
Ich kann Vor- und Nachteile von Formen benennen, **z. B. für Verpackungen.** Warum sind die meisten Verpackungen Quader?	◉	S. 49 Nr. 8, 9 S. 50 Nr. 10 S. 55 Nr. 27
Ich kann zueinander parallele und zueinander senkrechte Linien **in meiner Umgebung finden.** Welche Seiten in der gezeigten Figur sind parallel und welche Seiten sind senkrecht zueinander? 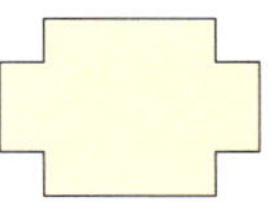	◉	S. 51 Nr. 14, 15 S. 52 Nr. 16, 17, 18
Ich kann mit dem Geodreieck zueinander parallele und **zueinander senkrechte Linien und Rechtecke ordentlich zeichnen.** Zeichne mit dem Geodreieck parallele und zueinander senkrechte Linien.	◉	S. 53 Nr. 19–22 S. 54 Nr. 23, 24
Ich kann einen Körper aus einem Bastelbogen herstellen **und dabei ganz genau arbeiten.** Zeichne den Bastelbogen eines Quaders mit den Kantenlängen 4 cm, 5 cm, 6 cm und baue ihn zusammen. Arbeite dabei ganz genau.	◉	S. 51 Nr. 13 S. 55 Nr. 25, 26
Ich kann das Netz eines Körpers zeichnen. Zeichne das Netz eines Würfels mit 3 cm Kantenlänge.	◉	S. 56 Nr. 29
Wenn ich ein Netz sehe, kann ich mir in Gedanken vorstellen, wie der **Körper dazu aussieht oder ob gar kein Körper daraus entstehen kann.** Kann man aus dem abgebildeten Netz einen Körper basteln? Wenn ja, beschreibe den Körper. 	◉	S. 55 Nr. 28 S. 56 Nr. 29, 30, 31 S. 57 Nr. 32, 33 S. 58 Nr. 34 S. 60 Nr. 41
Ich kann das Schrägbild eines Körpers zeichnen. Zeichne das Schrägbild eines Würfels mit 3 cm Kantenlänge. 	◉	S. 59 Nr. 36, 37, 38 S. 61 Nr. 42, 43 S. 61 Nr. 44

Zwerge und Riesen im Tierreich – Wie lang, wie schwer, wie alt?

Seiten im **Materialblock**:

Wissensspeicher   Größen und ihre Einheiten

So merkt man sich, wie lang, wie schwer oder wie alt etwas ist

Mit Hilfe von Zahlen und Einheiten kann man angeben,
wie lang oder wie schwer Dinge sind oder wie lange etwas dauert.
Solche Angaben nennt man in der Mathematik Größen.
Größen sind also z. B. Längen, Gewichte und Zeitangaben.

Zahl und Maß

Längen		
Einheit	Abkürzung	Merkgrößen

Gewichte		
Einheit	Abkürzung	Merkgrößen

Zeitangaben		
Einheit	Abkürzung	Merkgrößen

Einheit	Abkürzung	Merkgrößen

zu O2/O3, S. 74/75, Kapitel „Zwerge und Riesen im Tierreich", *mathewerkstatt* Bd. 1 (Kl. 5)

Wissensspeicher   Vergleichen und Messen

So kann man verschiedene Dinge vergleichen

Es gibt verschiedene Verfahren, Dingen miteinander zu vergleichen.

Verfahren A: **Messen mit Einheiten**	Verfahren B: **Direkt vergleichen**	Verfahren C: **Vergleichsgegenstand nehmen**
Man zählt, wie viele *Einheiten* so lang oder so schwer sind, wie jedes der beiden Dinge. Dann vergleicht man nur noch die Zahlen.	Man vergleicht die beiden Dinge direkt miteinander.	Man vergleicht beide Dinge einzeln mit einem Vergleichsgegenstand (z. B. mit der gleichen Menge kleiner Steine).
Beispiel:	*Beispiel:*	*Beispiel:*
Problem:	*Problem:*	*Problem:*

Hinweis: Eine **Einheit** ist ein Vergleichsgegenstand, auf den sich alle Menschen geeinigt haben, z. B. 1 m (Urmeter) oder 1 kg (Massestück).

Wissensspeicher   Mit Größen rechnen

Darauf muss man achten, wenn man Größen mit verschiedenen Einheiten addiert

____

____

So kann man Größen umrechnen

a) mit Umrechnungszahlen

Beispiel für Längen
(Wie viel Zentimeter sind 28 Meter?)

Beispiel für Gewichte
(Wie viel Gramm sind 2500 Kilogramm?)

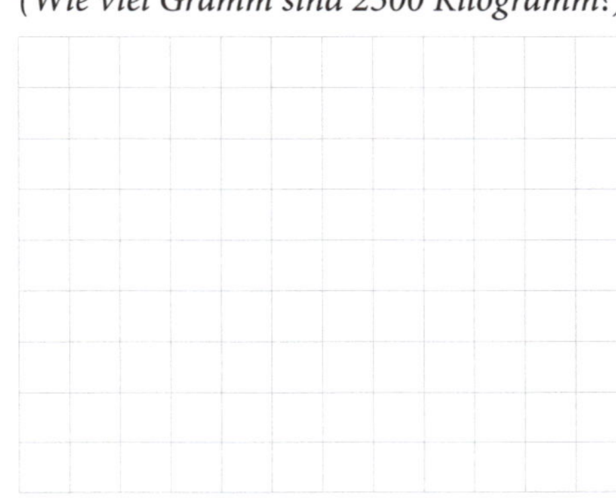

Umrechnungszahlen
für Gewichte:
1 t = 1000 kg
1 kg = 1000 g
1 g = 1000 mg

Umrechnungszahlen
für Längen:
1 km = 1000 m
1 m = 10 dm
1 dm = 10 cm
1 cm = 10 mm

b) mit Umrechnungstabellen

Beispiel für Längen
(Wie viel Zentimeter sind 28 Meter?)

km	m	dm	cm	mm

Beispiel für Gewichte
(Wie viel Gramm sind 2500 Kilogramm?)

t	kg	g	mg

Man kann ablesen:

____

Man kann ablesen:

____

So rechnet man mit Größen, die verschiedene Einheiten haben

So berechnet man 5 cm + 2 mm:

So berechnet man 5 kg + 2 g:

Zahl und Maß

zu O7–10, S. 78/79, Kapitel „Zwerge und Riesen im Tierreich", *mathewerkstatt* Bd. 1 (Kl. 5)

Methodenspeicher Texte verstehen

So kann man Wichtiges in einem Text markieren

Blauwal (Balaenoptera musculus)
Der Blauwal hat eine Körperlänge
von 24 bis 28 Meter und ein Gewicht
von 100 bis 120 Tonnen. Er kann bis
zu 50 Jahre alt werden. Weibliche Blau-
wale sind die größten Tiere aller Zeiten.
Der Rekord liegt bei einer Körperlänge
von mehr als 33 m.

Beim **Markieren von wichtigen Informationen**
in einem Text muss ich auf Folgendes achten:

❏ Ich überlege genau, ob ein Wort wichtig ist,
bevor ich es markiere.

❏ Ich sollte nicht zu viel markieren.

❏ _______________________________________

____

❏ _______________________________________

____

____

Der Blauwal ernährt sich hauptsächlich
von Krill, den er mit seinen Barten aus
dem Meerwasser filtert.

Wenn im Text für mich **unbekannte Wörter** sind,
stelle ich mir folgende Fragen:

❏ Ist das Wort für meine Aufgabe überhaupt wichtig?

❏ Wo finde ich Hinweise zu dem Wort?

❏ Wer kann mir das Wort erklären?

❏ _______________________________________

____

❏ _______________________________________

____

zu O5, S. 76, Kapitel „Zwerge und Riesen im Tierreich", _mathewerkstatt_ Bd. 1 (Kl. 5)

Arbeitsmaterial   Tierkarten (Seite 1 von 4)

Schneide zuerst alle Karten aus diesem und den folgenden Blättern aus.
Spielt damit gemeinsam das Spiel „Tierkarten".

Spielregeln:
- 2 bis 4 Kinder spielen zusammen. Alle erhalten gleich viele Spielkarten.
- Jeder hält seine Karten als Stapel in der Hand und sieht nur die oberste Karte.
- Wer an der Reihe ist, sucht sich aus, ob mit Länge, Gewicht oder Alter gespielt wird.
  Er entscheidet auch, ob der größte oder der kleinste Wert gewinnt.
- Alle legen dann ihre oberste Karte auf den Tisch und vergleichen.
- Der Gewinner erhält alle aufgedeckten Karten und ist als nächster an der Reihe.
- Wenn ein Mitspieler keine Karten mehr hat, endet die Runde.
  Wer die meisten Karten hat, gewinnt.

Hinweise: Alle Zahlenangaben sind Durchschnittswerte.
Die Länge aller Tiere wurde vom Kopf bis zur Schwanzspitze gemessen.

Elefant

Länge	7 m
Gewicht	6 t
Alter	70 Jahre

Giraffe

Länge	5 m
Gewicht	700 kg
Alter	25 Jahre

Blauwal

Länge	27 m
Gewicht	120 t
Alter	50 Jahre

Löwe

Länge	260 cm
Gewicht	250 kg
Alter	15 Jahre

Strauß

Länge	275 cm
Gewicht	130 kg
Alter	40 Jahre

Qualle

Länge	1 dm
Gewicht	2 kg
Alter	9 Monate

Alligator

Länge	6 m
Gewicht	500 kg
Alter	40 Jahre

Clownfisch

Länge	8 cm
Gewicht	150 g
Alter	15 Jahre

Arbeitsmaterial   Tierkarten (Seite 2 von 4)

Königspinguin

Länge	95 cm
Gewicht	19 kg
Alter	10 Jahre

Luchs

Länge	1,5 m
Gewicht	22 kg
Alter	15 Jahre

Wildschwein

Länge	180 cm
Gewicht	220 kg
Alter	20 Jahre

Seehund

Länge	1,7 m
Gewicht	150 kg
Alter	35 Jahre

Pferd

Länge	210 cm
Gewicht	1200 kg
Alter	30 Jahre

Eichhörnchen

Länge	40 cm
Gewicht	400 g
Alter	7 Jahre

Wolf

Länge	150 cm
Gewicht	40 kg
Alter	16 Jahre

Hauskatze

Länge	95 cm
Gewicht	5000 g
Alter	20 Jahre

Hund

Länge	120 cm
Gewicht	45 kg
Alter	15 Jahre

Kaninchen

Länge	4 dm
Gewicht	2000 g
Alter	10 Jahre

Schildkröte

Länge	30 cm
Gewicht	3,5 kg
Alter	140 Jahre

Braunbär

Länge	2,5 m
Gewicht	500 kg
Alter	35 Jahre

zu E2, S. 68 und V1/2, S. 80, Kapitel „Zwerge und Riesen im Tierreich", *mathewerkstatt* Bd. 1 (Kl. 5)

Arbeitsmaterial   Tierkarten (Seite 3 von 4)

Meerschwein

Länge	25 cm
Gewicht	1500 g
Alter	8 Jahre

Graupapagei

Länge	420 mm
Gewicht	470 g
Alter	70 Jahre

Buchfink

Länge	15 cm
Gewicht	22 g
Alter	13 Jahre

Grüner Leguan

Länge	220 cm
Gewicht	2,5 kg
Alter	25 Jahre

Tigerpython

Länge	4,5 m
Gewicht	100 kg
Alter	17 Jahre

Reh

Länge	140 cm
Gewicht	20 kg
Alter	11 Jahre

Dachs

Länge	900 mm
Gewicht	18 000 g
Alter	20 Jahre

Schaf

Länge	130 cm
Gewicht	30 kg
Alter	12 Jahre

Schwein

Länge	190 cm
Gewicht	130 kg
Alter	12 Jahre

Gnu

Länge	200 cm
Gewicht	200 kg
Alter	20 Jahre

Flusspferd

Länge	300 cm
Gewicht	4500 kg
Alter	35 Jahre

Rind

Länge	2,5 m
Gewicht	1 t
Alter	25 Jahre

Arbeitsmaterial   Tierkarten (Seite 4 von 4)

Gottesanbeterin		Biene		Stubenfliege		Zitronenfalter	
Länge	7,5 cm	**Länge**	15 mm	**Länge**	5 mm	**Länge**	55 mm
Gewicht	3 g	**Gewicht**	0,2 g	**Gewicht**	0,06 g	**Gewicht**	0,3 g
Alter	6 Monate	**Alter**	7 Monate	**Alter**	24 Tage	**Alter**	11 Monate

Skorpion		Vogelspinne		Zecke		Pfeilschwanzkrebs	
Länge	200 mm	**Länge**	28 cm	**Länge**	2 mm	**Länge**	70 cm
Gewicht	30 g	**Gewicht**	170 g	**Gewicht**	0,5 g	**Gewicht**	5 kg
Alter	15 Jahre	**Alter**	20 Jahre	**Alter**	5 Jahre	**Alter**	10 Jahre

Längen umrechnen

Kilometer:
1 km = 1000 m

Meter:
1 m = 100 cm
0,5 m = 50 cm

Dezimeter:
1 dm = 10 cm

Zentimeter:
1 cm = 10 mm

Gewichte umrechnen

Tonnen:
1 t = 1000 kg
0,5 t = 500 kg

Kilogramm:
1 kg = 1000 g
0,5 kg = 500 g

Länge		**Länge**	
Gewicht		**Gewicht**	
Alter		**Alter**	

Arbeitsmaterial   Das Groß-und-klein-Spiel

Bei diesem Spiel soll man möglichst schnell etwas finden, das einen bestimmten Anfangsbuchstaben hat und z. B. 1 cm lang oder hoch ist.

Spielregeln:

- Der Anfangsbuchstabe wird bestimmt, indem ein Mitspieler im Kopf das Alphabet aufsagt und ein anderer Spieler irgendwann „Stopp" ruft.
- Jeder sucht nun ein Tier oder etwas anderes mit diesem Anfangsbuchstaben, das so lang oder so hoch ist, wie es oben in der Tabellenspalte steht.
- Wer zuerst fertig ist, ruft „Stopp".
  Dann werden die Punkte verteilt:

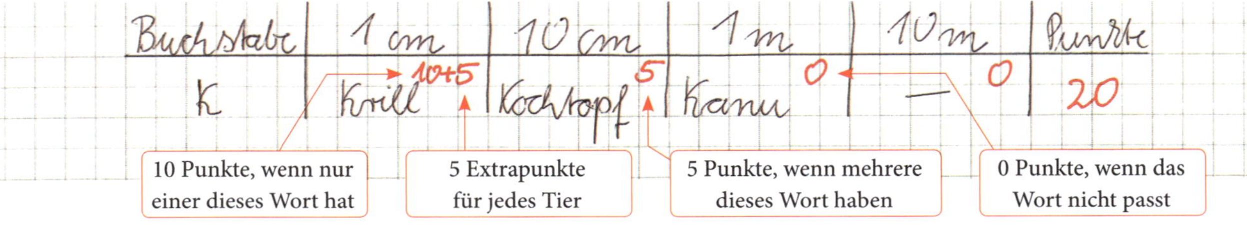

Buchstabe	1 cm	10 cm	1 m	10 m	Punkte
K	Krill	Kochtopf	Kanu	—	20

10 Punkte, wenn nur einer dieses Wort hat	5 Extrapunkte für jedes Tier	5 Punkte, wenn mehrere dieses Wort haben	0 Punkte, wenn das Wort nicht passt

Buchstabe	1 cm	10 cm	1 m	10 m	Punkte

zu E3, S. 69, Kapitel „Zwerge und Riesen im Tierreich", *mathewerkstatt* Bd. 1 (Kl. 5)

Arbeitsmaterial   Größen und ihre Einheiten aufräumen

Schneide alle Karten aus.
Welche Karten gehören zusammen? Ordne die Karten auf dem Tisch.

Hinweis: Auf den leeren Karten kannst du weitere Begriffe und Einheiten ergänzen.

Entfernung	Volumen	Gewicht	m
Millimeter	Tag	mm	Kilometer
Dezimeter	Alter	g	Rauminhalt
Liter	Zentimeter	cm	Masse
t	Zeitspanne	dm	Milligramm
Minute	Länge		

zu O2, S. 74, Kapitel „Zwerge und Riesen im Tierreich", *mathewerkstatt* Bd. 1 (Kl. 5)

Arbeitsmaterial   Wüstenameisen können Entfernungen messen

Lies den folgenden Text aufmerksam durch.
Markiere dann alle Wörter, die dir wichtig erscheinen.

Nutze die markierten Wörter, um deinen Eltern über diesen Text zu erzählen.

Zürich/Ulm (dpa). Wüstenameisen messen Entfernungen mit einer Art körpereigenem Schrittzähler. Das haben Forscher der Universitäten Ulm und Zürich mit einem ungewöhnlichen Experiment nachgewiesen.

Erst mussten die Versuchstiere von ihrem Nest zu einer 10 m entfernten Futterquelle laufen.

Dann klebten die Forscher einigen Ameisen Stelzen aus Schweineborsten an die Beine, um die Beine zu verlängern und damit die Schrittlänge zu vergrößern.

Auf dem Rückweg liefen die Ameisen mit den Stelzen um mehr als 5 m weiter als die Ameisen ohne Stelzen, verfehlten also ihr Nest um 5 m.

In einem zweiten Versuch mussten die Tiere mit den veränderten Beinen von ihrem Nest sowohl zur Futterquelle hin als auch zurück laufen. Dabei zeigte sich, dass sie auf dem Rückweg von der Futterquelle die Entfernung bis zum Nest fast richtig abschätzten.

Arbeitsmaterial   Tierlängen mit Fäden vergleichen (1 von 2)

Jede Infokarte gehört zu der Bildkarte rechts daneben.
Schneidet die Bildkarten und die Infokarten aus.
Jeder zieht verdeckt eine Infokarte und hängt einen Faden mit der angegebenen Länge
an die Wand.
Die Mitschülerinnen und Mitschüler suchen dann aus den Bildkarten ein Tier heraus,
das so lang sein könnte, wie der Faden.

Eisbär Länge: 2,5 m Gewicht: 450 kg		**Goldfisch** Länge: 12 cm Gewicht: 30 g	
Riesenkänguru Höhe (aufgerichtet): 182 cm Gewicht: 91 kg		**Igel** Länge: 30 cm Gewicht: 1,5 kg	
Walross Länge: 3,5 m Gewicht: 1200 kg		**Meerschweinchen** Länge: 22,5 cm Gewicht: 502 g	
Blauwal Länge: 28 m Gewicht: 120 t		**Biene** Länge: 1,5 cm Gewicht: 0,2 g	

Arbeitsmaterial Tierlängen mit Fäden vergleichen (2 von 2)

Reh
Länge: 135 cm
Gewicht: 15 kg

Delfin
Länge: 2,5 m
Gewicht: 81 kg

Schmetterling
Flügelspannweite: 5 cm
Gewicht: 1 g

Giraffe
Länge: 5,50 m
Gewicht: 950 kg

Seeadler
Flügelspannweite: 2,6 m
Gewicht: 7,5 kg

Grüner Leguan
Länge: 222 cm
Gewicht: 10 kg

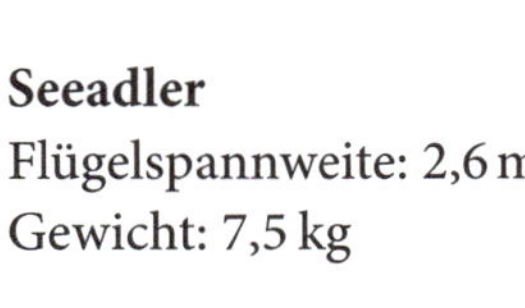

Tiger
Länge: 2 m
Gewicht: 252 kg

Kohlrabe
Länge: 65 cm
Gewicht: 1,5 kg

Zebra
Länge: 2,50 m
Gewicht: 301 kg

Eichhörnchen
Höhe (aufgerichtet): 25 cm
Gewicht: 302 g

Arbeitsmaterial   Längen und Einheiten am menschlichen Körper

So heißen die Längenmaße am Körper

So lang sind meine Körpermaße

Elle _________________________   Schritt _________________________

Spanne _______________________   Fuß _____________________________

_____________________________   _____________________________

zu V9, S. 84, Kapitel „Zwerge und Riesen im Tierreich", *mathewerkstatt* Bd. 1 (Kl. 5)

Arbeitsmaterial   Einheiten-Sammelkarten

Spielregeln:

- 3 bis 4 Kinder spielen zusammen.
- Die Karten werden ausgeschnitten und gemischt.
- Jeder erhält 5 Karten, die er offen vor sich hinlegt.
  Die restlichen Karten bilden einen Stapel in der Mitte (Rückseite oben).
- Wer an der Reihe ist, kann eine Karte mit einem Mitspieler tauschen oder eine Karte
  unter den Stapel legen und eine neue Karte ziehen.
- Vollständige Fünfersets werden zur Seite gelegt, dann 5 neue Karten ziehen.
- Das Spiel ist beendet, wenn alle Fünfersets sortiert sind.

1 m	10 cm	1 kg	1 cm	1 t
1000 mm	1 dm	1000 g	10 mm	1000 kg
10 dm	0,1 m	1 000 000 mg	0,1 dm	1 000 000 g

Arbeitsmaterial   Umrechnungstabellen

Diese Tabellen kannst du immer dann verwenden,
wenn du Größenangaben in andere Einheiten umrechnen sollst.

km			m			dm	cm	mm

t			kg			g		mg

km			m			dm	cm	mm

t			kg			g		mg

km			m			dm	cm	mm

t			kg			g		mg

z. B. zu V17 bis V22, ab S. 87, Kapitel „Zwerge und Riesen im Tierreich", *mathewerkstatt* Bd. 1 (Kl. 5)

Arbeitsmaterial   Größenpuzzle

Schneide die Karten aus und mische sie.
Lege aus den Karten ein Rechteck.
Zusammen liegende Größenangaben oder Bilder müssen dabei passen.

Checkliste

Zwerge und Riesen im Tierreich – Wie lang, wie schwer, wie alt?

Ich kann … Ich kenne …	So gut kann ich das …	Hier kann ich üben …

Ich kann Menschen, Tiere, Dinge miteinander vergleichen, ohne dass sie nebeneinander stehen.
Wie überprüfst du,
- ob der Hund deiner Freundin schwerer ist als dein Hund?
- ob ein Schrank im Möbelhaus der Höhe nach in dein Zimmer passt?

S. 80 Nr. 1
S. 81 Nr. 3
S. 83 Nr. 8
S. 84 Nr. 9, 11

Ich weiß, was Größen sind und kann Größen an Skalen ablesen.

Wie lang ist die Banane?

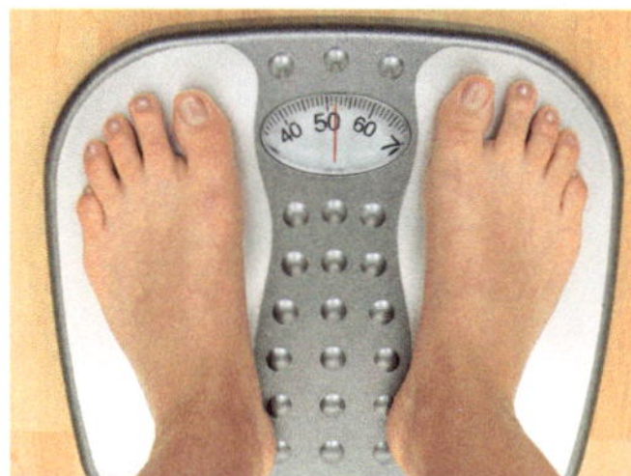

Wie schwer ist die Person?

Wie hoch ist die Temperatur?

S. 82 Nr. 6
S. 83 Nr. 7

Ich kenne verschiedene Einheiten für Längen und Gewichte und kann Beispiele nennen für Dinge, die so lang und so schwer sind.
Welche Dinge haben eine Länge von 1 mm, 1 cm, 1 dm, 1 m, 1 km?
Welche Dinge haben ein Gewicht von 100 g, 1 kg, 10 kg, 1 t?

S. 81 Nr. 3, 5
S. 85 Nr. 13

Ich kann von vertrauten Dingen die Länge und das Gewicht schätzen.
Wie lang und wie breit ist ein normales Auto?
Wie hoch ist eine Wohnungstür?
Wie schwer ist ein 200 Seiten dickes Buch?
Wie schwer ist eine Literpackung Milch?

S. 81 Nr. 5
S. 84 Nr. 11
S. 85 Nr. 12

Ich kann eine Längen- oder eine Gewichtsangabe von einer Einheit in eine andere Einheit umrechnen.
Wie kann man die folgenden Längen mit anderen Einheiten noch schreiben?
8800 m; 297 mm; 270 cm
Wie kann man die folgenden Gewichte mit anderen Einheiten noch schreiben?
20 000 kg; 8500 g; 2 t

S. 87 Nr. 16, 17
S. 88 Nr. 18, 19, 20
S. 89 Nr. 21, 22, 23

Ich kann mit Größen rechnen, die verschiedene Einheiten haben.
Berechne 10 dm + 1,5 m + 100 cm.
Berechne 1 t + 500 kg + 1000 g.

S. 91 Nr. 26, 27, 28
S. 92 Nr. 29, 30, 31
S. 93 Nr. 32, 33

Essen und Trinken –
Teilen und Zusammenfügen

Seiten im **Materialblock**:

Wissensspeicher Brüche darstellen und benennen

Mit Brüchen bezeichnet man Anteile, also Teile von Ganzen.

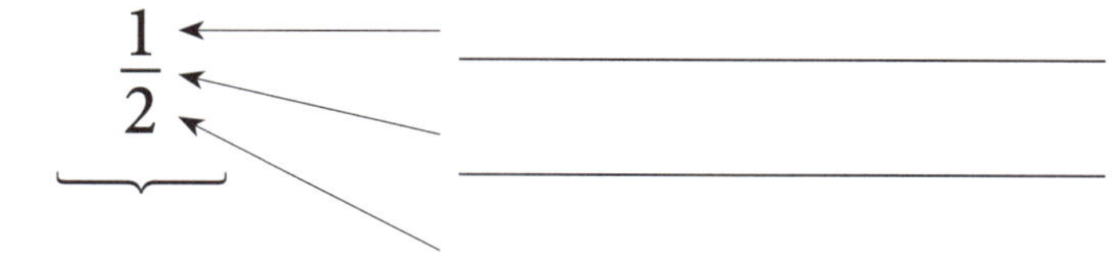

Zahl und Maß

So erkläre ich mir die Bezeichnungen Bruch, Zähler und Nenner

____

____

____

____

Wenn man ein Ganzes verteilt…

Situation	1 Pizza verteilt auf 1 Kind	1 Pizza verteilt auf 2 Kinder				
Bild						
Bruch	$\frac{1}{1}$					
Anteil in Worten	ein Ganzes					

Wenn man mehrere Ganze verteilt …

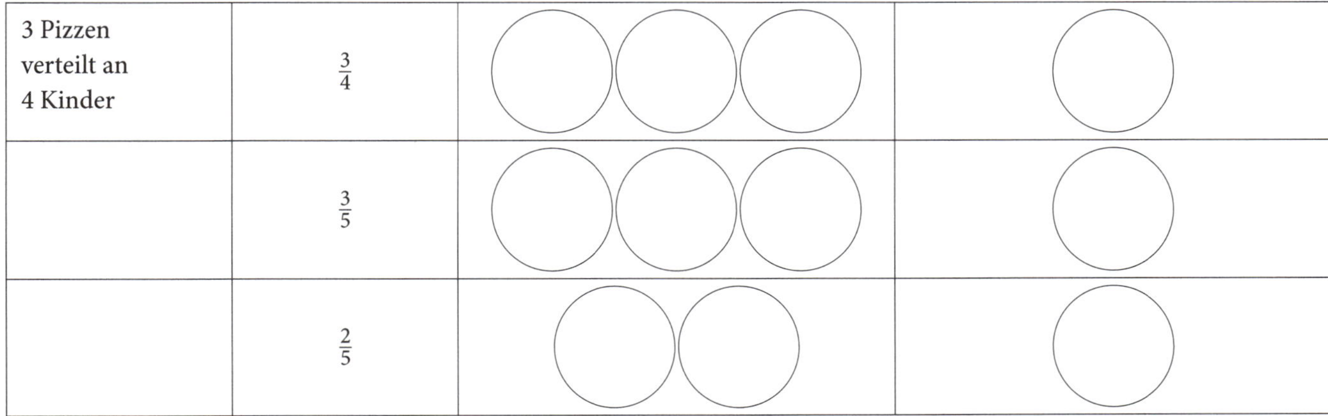

3 Pizzen verteilt an 4 Kinder	$\frac{3}{4}$		
	$\frac{3}{5}$		
	$\frac{2}{5}$		

zu O1, S. 102 und O2, S. 103, Kapitel „Teilen und Zusammenfügen", *mathewerkstatt* Bd. 1 (Kl. 5)

Zahl und Maß

Wissensspeicher   Ein Bruch – verschiedene Formen

So erkennt man einen Bruch auch bei verschiedenen Formen

Alle Bilder am Rand zeigen den Bruch „drei Viertel".

Daran erkenne ich „drei Viertel":

____

____

____

____

So verschieden kann man den Bruch „drei Viertel" darstellen

Bei einem Rechteck:

Bei einem Kreis:

Bei einer Strecke:

____

Das Bild für einen Bruch kann unterschiedlich groß sein.

Beide Bilder zeigen den Bruch „drei Viertel", sind aber unterschiedlich groß.

Meine Erklärung dazu:

____

____

____

zu O3, S. 103, Kapitel „Teilen und Zusammenfügen", Schulbuch *mathewerkstatt* Bd. 1 (Kl. 5)

Wissensspeicher Bruch als Verhältnis und als Anteil

Verschiedene Verhältnisse sind manchmal gleich

Bei einem Verhältnis werden zwei Anteile verglichen.
Ein Verhältnis kann man z. B. mit Legosteinen darstellen.

Der linke Legosteinturm zeigt das Verhältnis ________________________________

Der rechte Legosteinturm zeigt das Verhältnis ________________________________

Beide Verhältnisse sind gleich, denn ________________________________

____

Weitere Verhältnisse, die gleich dem Verhältnis 1 zu 3 sind: ________________________

Brüche können Anteile und Verhältnisse beschreiben

Verschiedene Beschriftungen an einem KiBa-Glas:

____

2 zu 2

1 zu 3   1 von 4

____

2 zu 2

1 zu 3 $\frac{1}{4}$

Meine Erklärung:

Das Verhältnis „1 zu 3" passt zum Anteil „1 von 4",

denn ____

____

____

Das Verhältnis „1 zu 3" passt zum Bruch „$\frac{1}{4}$",

denn ____

____

____

So kommt man vom Verhältnis zum Bruch:

____

____

So kommt man vom Bruch zum Verhältnis:

____

____

Zahl und Maß

zu O4, S. 104 und O5, S. 105, Kapitel „Teilen und Zusammenfügen", *mathewerkstatt* Bd. 1 (Kl. 5)

Arbeitsmaterial   Gerecht verteilen

Nutze die folgenden Kreise als Pizzen.
Teile jeweils drei Pizzen auf vier Kinder gerecht auf.
Färbe den Anteil, den jedes Kind bekommt.
Probiere verschiedene Wege des Verteilens.

Aufteilung 1:

Aufteilung 2:

Nutze die folgenden Rechtecke als Kuchenstücke.
Teile jeweils drei Stücke auf vier Kinder gerecht auf.
Färbe den Anteil, den jedes Kind bekommt.
Probiere verschiedene Wege des Verteilens.

Aufteilung 1:

Aufteilung 2:

zu E2, S. 98 und E3, S. 99, Kapitel „Teilen und Zusammenfügen", Schulbuch *mathewerkstatt* 5

Arbeitsmaterial   KiBa-Geschmackstest

Probiere von jeder KiBa-Mischung einen kleinen Schluck.
Enthält der KiBa mehr Kirschsaft oder mehr Bananensaft,
oder von beidem gleich viel?

	Die Mischung schmeckt …		
	mehr nach Kirsch	gleich viel nach Kirsch und Banane	mehr nach Banane
Gruppe: _______			
Gruppe: _______			
Gruppe: _______			
Gruppe: _______			
Gruppe: _______			
Gruppe: _______			
Gruppe: _______			
Gruppe: _______			

Schätze das Mischungsverhältnis für jede KiBa-Mischung.

	meine Schätzung	tatsächliche Mischung
Gruppe: _______		
Gruppe: _______		
Gruppe: _______		
Gruppe: _______		
Gruppe: _______		
Gruppe: _______		
Gruppe: _______		
Gruppe: _______		

Arbeitsmaterial   Farbanteile in Bildern

Färbe die Figuren mit verschiedenen Farben.
Bestimme dann den Anteil jeder Farbe an der ganzen Figur.

zu V12, S. 109, Kapitel „Teilen und Zusammenfügen", *mathewerkstatt* Bd. 1 (Kl. 5)

Arbeitsmaterial   Anteile ordnen

Bei welchem Streifen ist der Anteil der farbigen Fläche am größten?
Schneide die Streifen aus und klebe sie geordnet ins Heft.
Beginne mit dem größten farbigen Anteil.

Arbeitsmaterial   Brüche neu zusammenstellen

Schneide die farbigen und nicht farbigen Flächen aus.
Lege daraus neue Figuren. Dafür müssen nicht alle Flächen verwendet werden.
Bestimmt gegenseitig, welcher Anteil der neuen Figur farbig ist.

Klebe besonders schöne neue Figuren ins Heft.
Ergänze daneben den Bruch für den farbigen Anteil.

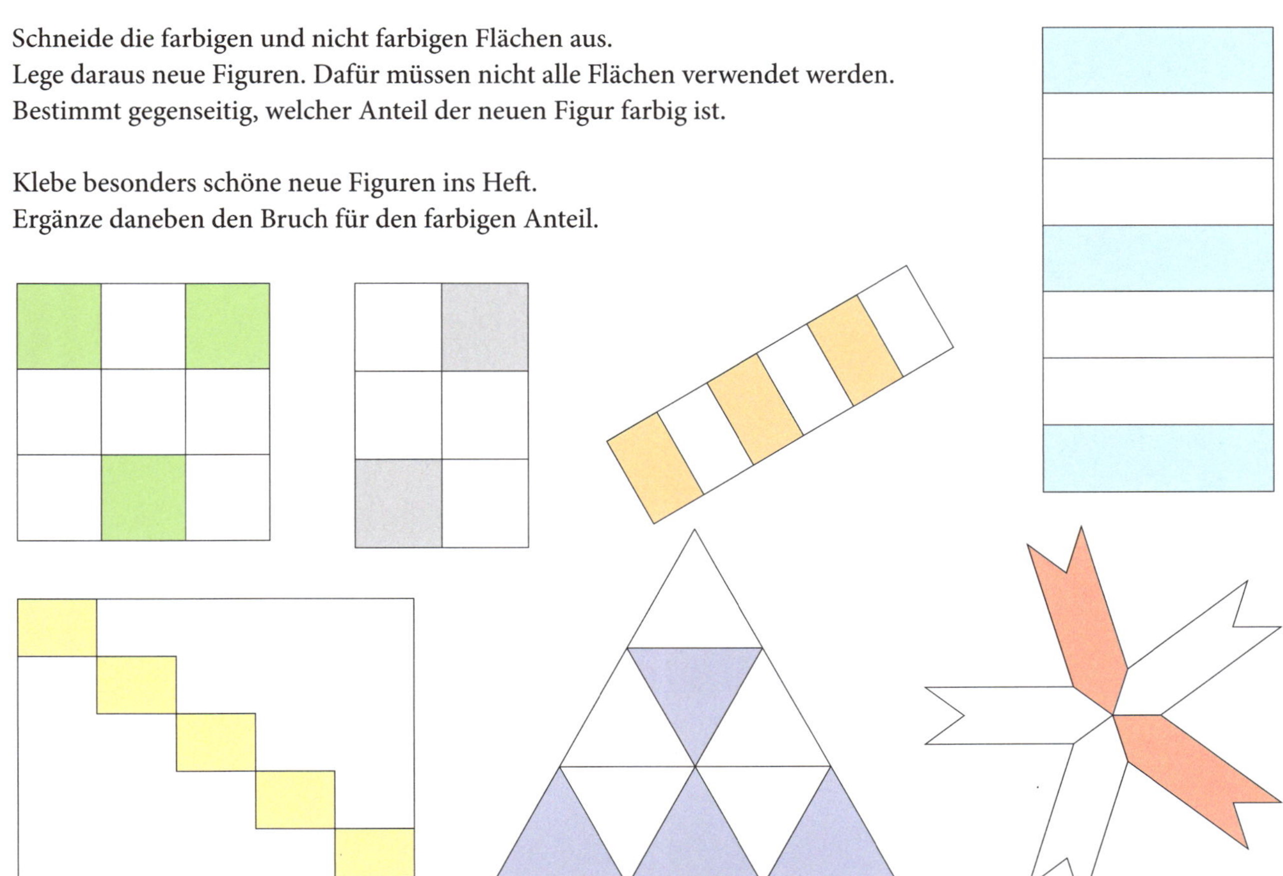

zu V15, S. 110 und V20, S. 112, Kapitel „Teilen und Zusammenfügen", *mathewerkstatt* Bd. 1 (Kl. 5)

Arbeitsmaterial   Brüche im Takt

Jeder Streifen steht für einen ganzen Takt (Vier-Viertel-Takt).
Jedes Rechteck steht dabei für eine Notenlänge.

Schneide die Streifen aus und stelle damit neue Takte zusammen.

Klebe zwei Beispiele für interessante Takte in dein Heft.

Ein Takt wird gebildet von einer ganzen Note.

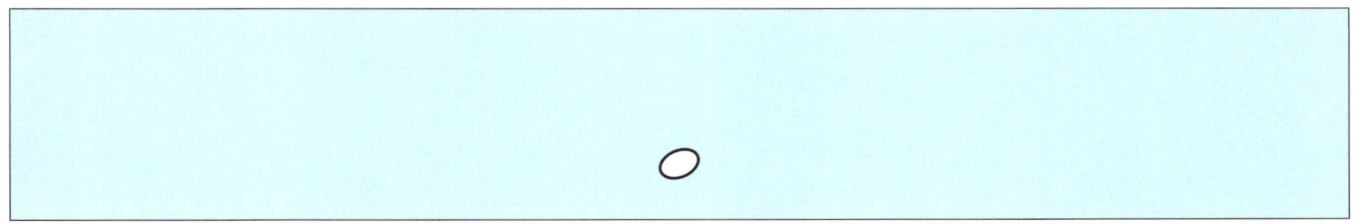

Ein Takt wird gebildet von zwei halben Noten.

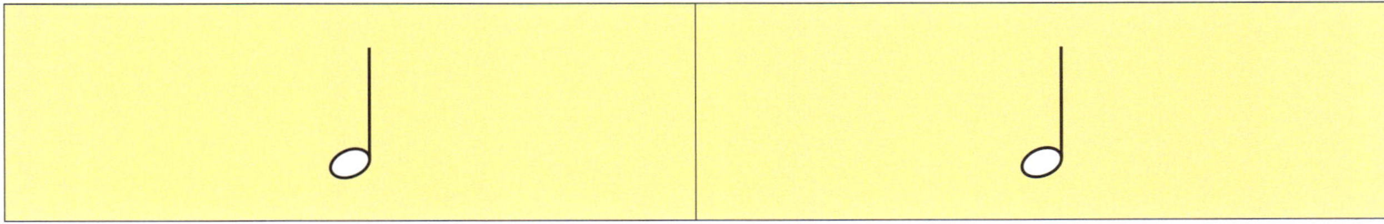

Ein Takt wird gebildet von vier Viertelnoten.

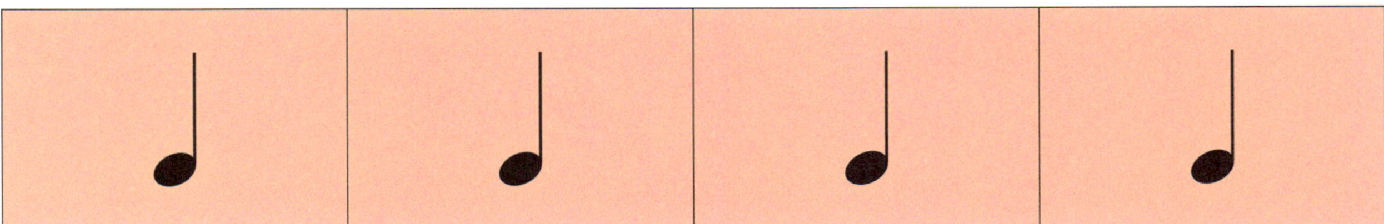

Ein Takt wird gebildet von acht Achtelnoten.

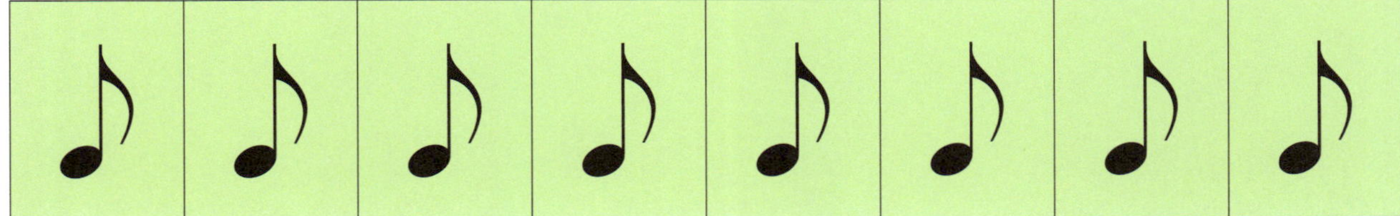

Ein Takt wird gebildet von sechzehn Sechzehntelnoten.

zu V25, S. 114, Kapitel „Teilen und Zusammenfügen", *mathewerkstatt* Bd. 1 (Kl. 5)

Arbeitsmaterial   Mischungsmuster

Jedes Zahlenverhältnis steht für eine KiBa-Mischung.
Ergänze in den leeren Feldern die passenden Zahlenverhältnisse.

Färbe alle Mischungen, die gleich schmecken, mit der gleichen Farbe.
Was fällt dir auf?

0 zu 0	0 zu 1	0 zu 2	0 zu 3	0 zu 4	0 zu 5	0 zu 6	0 zu 7			
1 zu 0	1 zu 1	1 zu 2	1 zu 3	1 zu 4	1 zu 5					
2 zu 0	2 zu 1	2 zu 2	2 zu 3	2 zu 4	2 zu 5					
3 zu 0	3 zu 1	3 zu 2	3 zu 3	3 zu 4	3 zu 5					
4 zu 0	4 zu 1	4 zu 2	4 zu 3	4 zu 4	4 zu 5					
5 zu 0	5 zu 1	5 zu 2	5 zu 3	5 zu 4	5 zu 5					
6 zu 0										
7 zu 0										

Arbeitsmaterial   Bruchkarten-Memory

Ergänze zu jeder Karte mit einem Bruch-Bild in der Karte darunter die passenden
Anteile oder die passenden Verhältnisse, z. B. $\frac{2}{4}$ oder 2 zu 2.

Schneide die Karten dann aus und spiele damit Memory.

Blau: _____	Blau: _____	Blau: _____	Blau: _____	Blau: _____
Rot: _____	Rot: _____	Rot: _____	Gelb: _____	Gelb: _____
Gelb: _____	Gelb: _____	Gelb: _____	Rot: _____	Rot: _____
Grün: _____	Grün: _____	Grün: _____	Grün: _____	Grün: _____

Blau: _____	Blau: _____	Blau: _____	Blau: _____	Blau: _____
Rot: _____	Rot: _____	Rot: _____	Gelb: _____	Gelb: _____
Gelb: _____	Gelb: _____	Gelb: _____	Rot: _____	Rot: _____
Grün: _____	Grün: _____	Grün: _____	Grün: _____	Grün: _____

Blau: _____	Blau: _____	Blau: _____	Blau: _____	Blau: _____
Rot: _____	Rot: _____	Rot: _____	Gelb: _____	Gelb: _____
Gelb: _____	Gelb: _____	Gelb: _____	Rot: _____	Rot: _____
Grün: _____	Grün: _____	Grün: _____	Grün: _____	Grün: _____

Checkliste — Essen und Trinken – Teilen und Zusammenfügen

Ich kann … / Ich kenne …	So gut kann ich das …	Hier kann ich üben …
Ich kann ein Ganzes in gleiche Teile ohne Rest teilen. Verteile eine Pizza an fünf Personen. Wie viel bekommt jeder?		S. 106 Nr. 1, 2
Ich kann mehrere Ganze in gleiche Teile ohne Rest teilen. Du sollst zwei Kuchen an sechs Personen verteilen. Wie gehst du vor?		S. 106 Nr. 3 S. 107 Nr. 5
Ich kann Beispiele nennen, bei denen ein Bruch die Größe eines Anteils beschreibt. Gib eine Situation an, bei der $\frac{3}{4}$ einen Anteil beschreibt.		S. 107 Nr. 4 S. 113 Nr. 22–24 S. 114 Nr. 25 S. 115 Nr. 26, 27
Ich kann zu einer Verteilungssituation, einem Bruch-Bild oder einer Mischung den passenden Bruch angeben. Welcher Bruch gehört zu diesem Bild?		S. 107 Nr. 5 S. 108 Nr. 6–9 S. 109 Nr. 12 S. 115 Nr. 28
Ich kann die Größe eines Bruchs in einem Bild darstellen. Stelle die Brüche $\frac{2}{3}$ und $\frac{1}{4}$ in einem Kreis oder in einem Rechteck dar.		S. 109 Nr. 10, 11 S. 110 Nr. 13–15
Ich kann einen Anteil zu einem Ganzen ergänzen. Dieses Rechteck soll ein Viertel darstellen. Wie sieht dann das Ganze aus?		S. 111 Nr. 16, 17
Ich kann einfache Brüche (z. B. mit einer 1 im Zähler) der Größe nach sortieren. Welcher Bruch ist größer: $\frac{1}{2}$ oder $\frac{1}{11}$; $\frac{1}{5}$ oder $\frac{1}{3}$?		S. 112 Nr. 18–21
Ich kann Verhältnisse darstellen, z. B. in Mischungen, mit farbigen Steinen oder mit Bildern. Zeichne ein Bild, in dem das Verhältnis *3 zu 1* zu erkennen ist.		S. 115 Nr. 26, 27 S. 116 Nr. 30
Ich kann Beispiele angeben für Verhältnisse. Gib Situationen an, in denen das Verhältnis *1 zu 3* oder *2 zu 2* vorkommt.		S. 115 Nr. 26–28 S. 116 Nr. 30 S. 117 Nr. 31
Ich kann gleiche Verhältnisse (z. B. gleiche Mischungen) alleine an den Zahlen erkennen. Welche zwei Mischungen haben das gleiche Verhältnis: *1 zu 3, 3 zu 9, 3 zu 6*?		S. 116 Nr. 29
Ich kann Verhältnisse in Brüche umrechnen. Eine Apfelsaftschorle enthält drei Teile Apfelsaft und zwei Teile Wasser. Wie groß ist der Anteil des Wassers an der Apfelsaftschorle?		S. 115 Nr. 28 S. 116 Nr. 30 S. 117 Nr. 31–33

zur Checkliste, S. 118, Kapitel „Teilen und Zusammenfügen", *mathewerkstatt* Bd. 1 (Kl. 5)

Kunstwerke –
Das Gleiche woanders
erkennen und herstellen

Seiten im **Materialblock**:

- ▶ Wissensspeicher   ab Seite MB 60
- ▶ Arbeitsmaterial   ab Seite MB 64
- ▶ Checkliste   Seite MB 82

Wissensspeicher   Symmetrische Bilder

Bei symmetrischen Bildern taucht ein Teil des Bildes mehrmals auf.
Dabei kann das Gleiche verschoben, gespiegelt oder gedreht sein.

Beispiele für symmetrische Bilder	Bezeichnung	meine Beispiele

Raum und Form

zu O1, S. 126, Kapitel „Kunstwerke", *mathewerkstatt* Bd. 1 (Kl. 5)

Wissensspeicher   Das Gleiche gespiegelt

Bei manchen Bildern kann man einen Spiegel so auf das Bild stellen,
dass man das Bild wieder vollständig sieht.
Die Linie, auf die man den Spiegel stellen kann, heißt **Spiegelachse**.
Bilder mit solchen Spiegelachsen nennt man **spiegelsymmetrisch**.

___ Spiegelachsen   ___ Spiegelachsen   ___ Spiegelachsen   ___ Spiegelachsen

Bei einem spiegelsymmetrischen Bild reicht es, wenn man nur die eine Hälfte kennt.
Dann kann man die andere Hälfte selbst herstellen.
Mit dem Geodreieck gelingt das gut, wenn man auf einige Dinge achtet:

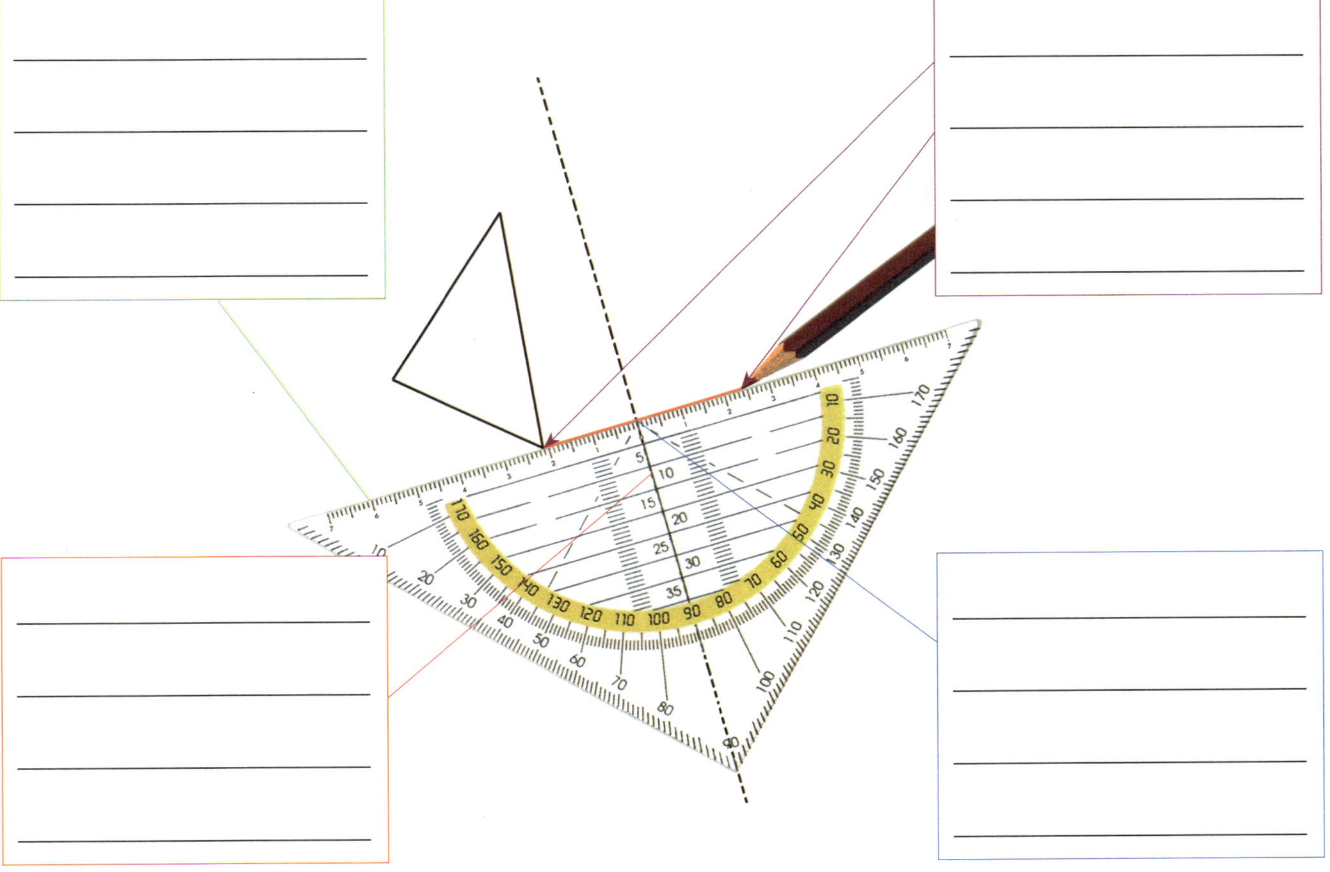

Raum und Form

Wissensspeicher Das Gleiche verschoben

Bei manchen Bildern ist ein gleiches Muster immer wieder gleich weit in die gleiche Richtung verschoben. Bei diesen Bildern spricht man von **Verschiebungen**.
Den Pfeil, der zeigt, in welche Richtung wie weit verschoben wird, nennt man **Verschiebungspfeil**.
Verschiebungen kommen oft bei Tapetenmustern und Bandornamenten vor.

Darauf muss man beim Verschieben achten:

____

____

____

Bei diesen Bildern wurde nicht richtig verschoben.

① 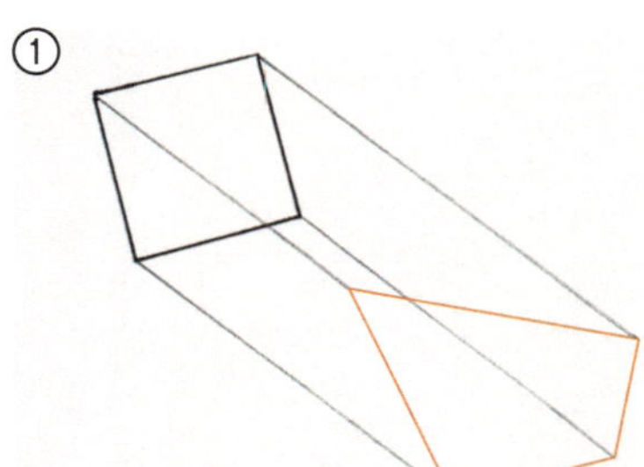   ③ 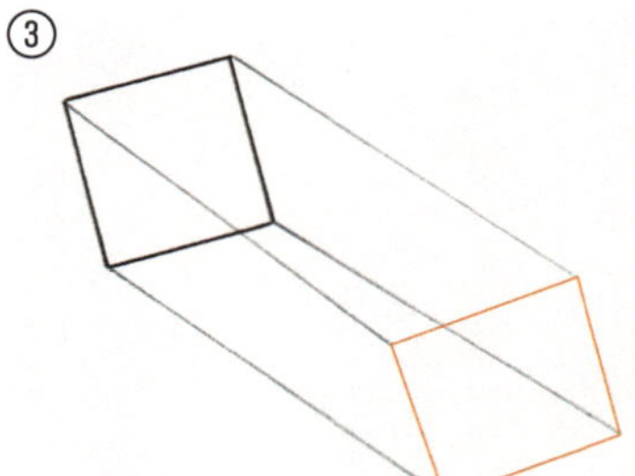

Begründung: Begründung:

___________________________   ___________________________

___________________________   ___________________________

___________________________   ___________________________

Raum und Form

Wissensspeicher   Das Gleiche gedreht

Bilder, die man drehen kann, ohne dass man die Drehung erkennt, nennt man auch **drehsymmetrisch**. Der Mittelpunkt, um den sich das Bild dreht, heißt **Drehzentrum** oder **Drehpunkt**.

Das folgende Bild besteht aus 6 gleichen Teilen, und man kann es 6-mal ein Stückchen weiterdrehen, ohne dass man es merkt. Das nennt man 6-teilige Drehsymmetrie.

 Die folgenden Bilder sind alle drehsymmetrisch.

Zweiteilige Drehsymmetrie	Dreiteilige Drehsymmetrie
Vierteilige Drehsymmetrie	Sechsteilige Drehsymmetrie

Raum und Form

zu O6 und O7, S. 129, Kapitel „Kunstwerke", *mathewerkstatt* Bd. 1 (Kl. 5)

Arbeitsmaterial   Die Kunstwerkstatt „Gleichzeichnen" (Seite 1 von 2)

Zeichnet zu dritt: Einer zeichnet vor, die anderen zeichnen nach.

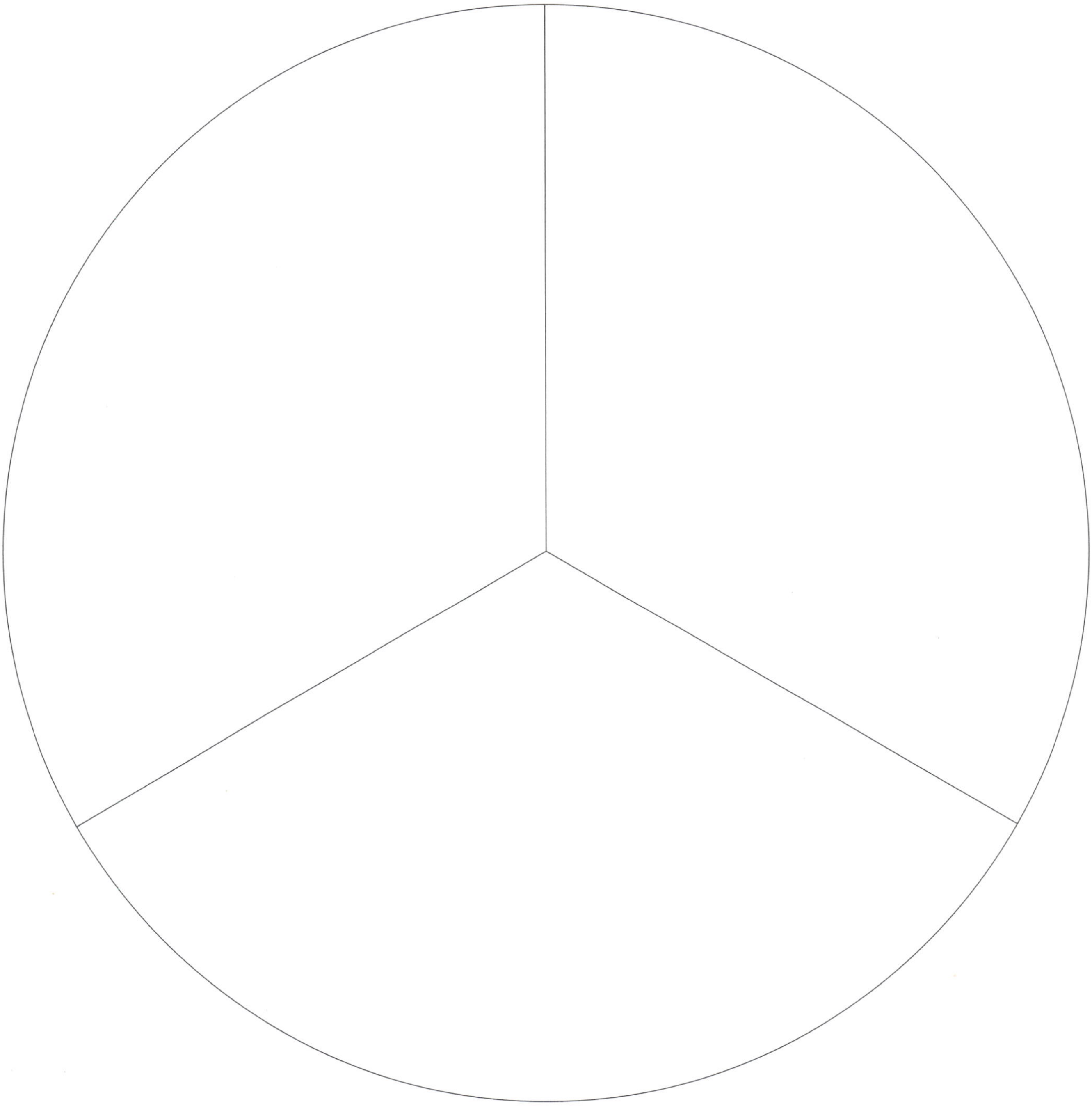

Arbeitsmaterial   Die Kunstwerkstatt „Gleichzeichnen" (Seite 2 von 2)

Zeichnet zu viert: Einer zeichnet vor, die anderen zeichnen nach.

Arbeitsmaterial   Griechische Ornamente

Kreuze die Nummern der Ornamente an, bei denen du das Gleiche woanders entdecken kannst.

①  ② 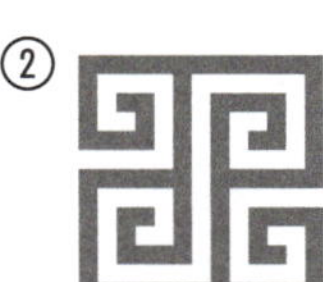 ③  ④ 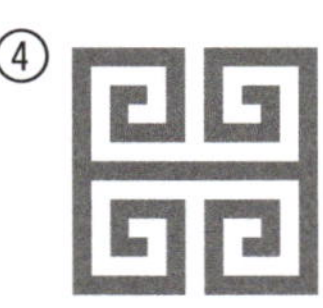 ⑤ 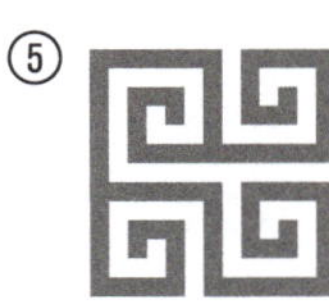

⑥ 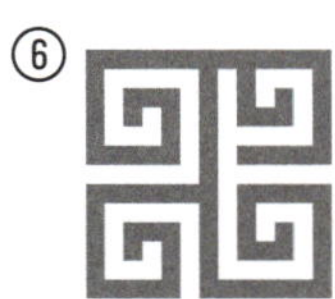 ⑦ 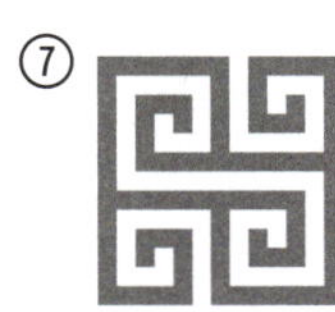 ⑧ 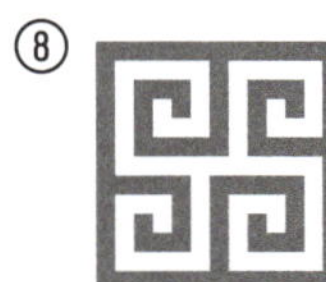 ⑨  ⑩ 

Hier wurde begonnen, das Ornament ④ zu zeichnen.

Die kleinen Bilder zeigen die einzelnen Zeichenschritte.

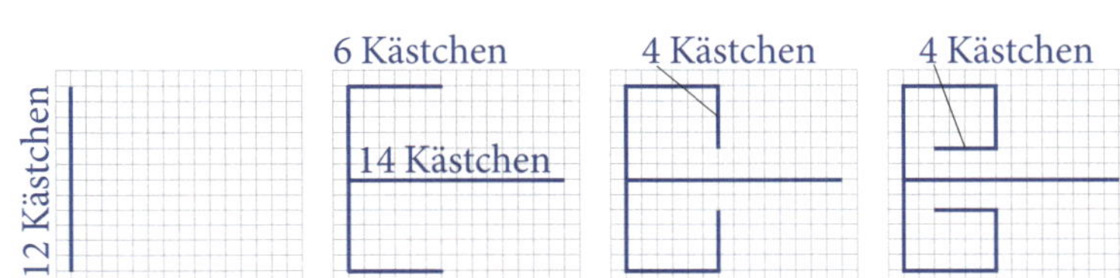

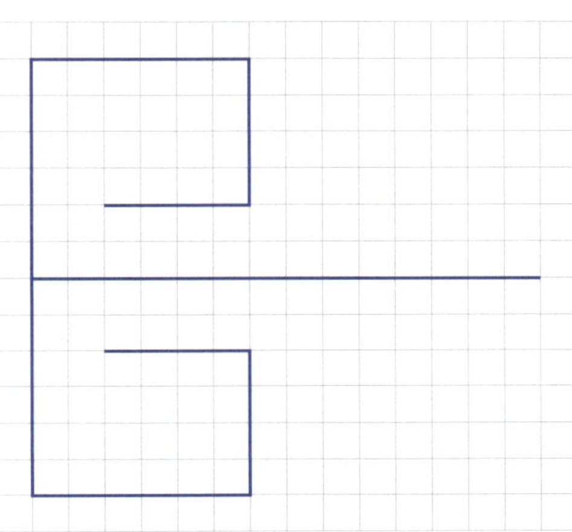

Vervollständige das Ornament auf der rechten Seite.

Wähle oben zwei weitere Ornamente und zeichne sie nach.

Passen deine gewählten Ornamente in die Ausstellung „Das Gleiche woanders"? Kreuze an.

❏ ja   ❏ nein   ❏ ja   ❏ nein

Arbeitsmaterial   Orientalische Ornamente

Zeichne die zwei Ornamente ab, indem du die bereits
begonnenen Darstellungen vervollständigst.

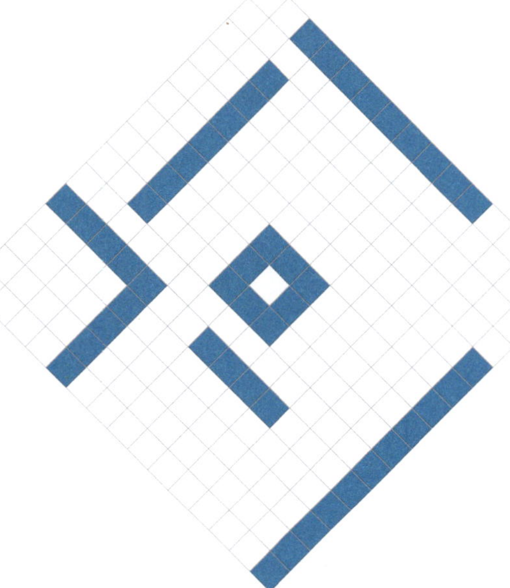

Erfinde eigene Ornamente dieser Art.

Passen deine gezeichneten Ornamente in die Ausstellung „Das Gleiche woanders"? Kreuze an.

❏ ja   ❏ nein   ❏ ja   ❏ nein

zu E3, S. 123, Kapitel „Kunstwerke", *mathewerkstatt* Bd. 1 (Kl. 5)

Arbeitsmaterial   Kreismuster

Vervollständige zu einem Muster mit Kreisen.

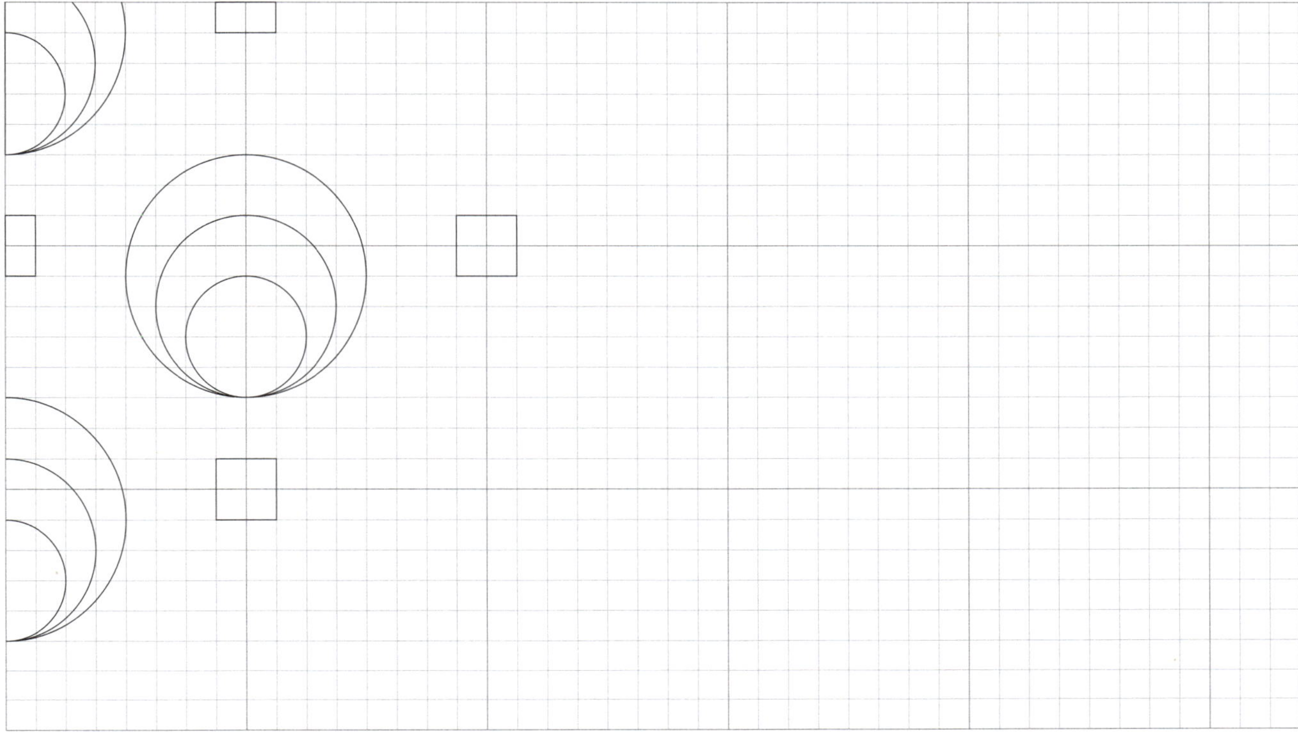

Entwirf ein eigenes Muster mit Kreisen.

zu E4, S. 124, Kapitel „Kunstwerke", *mathewerkstatt* Bd. 1 (Kl. 5)

Arbeitsmaterial   Spiegelsymmetrische Bilder untersuchen

Untersuche, ob die Bilder spiegelsymmetrisch sind. Wie viele Spiegelachsen konntest du finden?

_____ Spiegelachsen

_____ Spiegelachsen

_____ Spiegelachsen

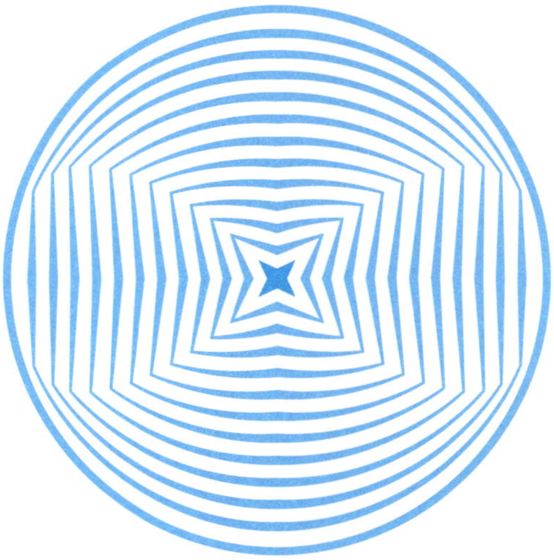

_____ Spiegelachsen

Schneide die Bilder hier aus und klebe sie passend in den Wissensspeicher „Symmetrie 2" (MB 61).

zu O2, S. 126, Kapitel „Kunstwerke", *mathewerkstatt* Bd. 1 (Kl. 5)

Drehsymmetrische Bilder untersuchen

Sind die Bilder drehsymmetrisch? Aus wie vielen gleichen Teilen bestehen sie?

_____ gleiche Teile

_____ gleiche Teile

_____ gleiche Teile

_____ gleiche Teile

_____ gleiche Teile

_____ gleiche Teile

Schneide passende Bilder hier aus und klebe sie in den Wissensspeicher „Symmetrie 4" (MB 63).

zu O6, S. 129, Kapitel „Kunstwerke", *mathewerkstatt* Bd. 1 (Kl. 5)

Arbeitsmaterial   Symmetrische Bilder im Quilt

Schreibe an jedes Quadrat die Anzahl der Spiegelachsen.

______ Spiegelachsen

______ Spiegelachsen

______ Spiegelachsen

______ Spiegelachsen

______ Spiegelachsen

______ Spiegelachsen

______ Spiegelachsen

______ Spiegelachsen

______ Spiegelachsen

Arbeitsmaterial   Symmetrische Bilder im Quilt

Arbeitsmaterial   Buchstaben und Wörter

Zeichne in die Buchstaben die Symmetrieachsen ein.

A	B	C	D	E
F	G	H	I	J
K	L	M	N	O
P	Q	R	S	T
U	V	X	Y	Z

TOBI	TOBI
TOBI	TOBI

zu V2, S. 130, Kapitel „Kunstwerke", *mathewerkstatt* Bd. 1 (Kl. 5)

Arbeitsmaterial   Bilder erzeugen

Schneide die Figuren aus und lege sie zu interessanten Bildern zusammen,
die keine, eine oder mehrere Symmetrieachsen haben.

Arbeitsmaterial   Spiegeln mit Kästchen

Spiegele die Figuren jeweils an der gestrichelten Linie.

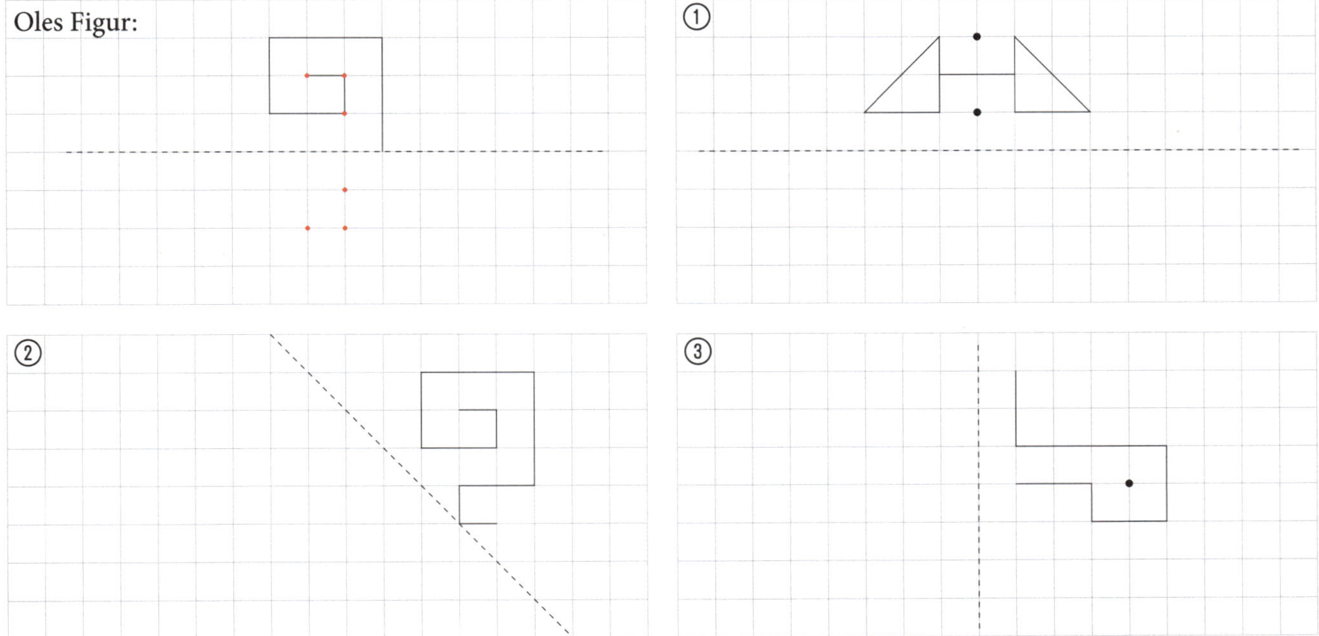

Arbeitsmaterial   Spiegeln mit Geodreieck

Spiegele die Figuren jeweils mit dem Geodreieck an der gestrichelten Linie.

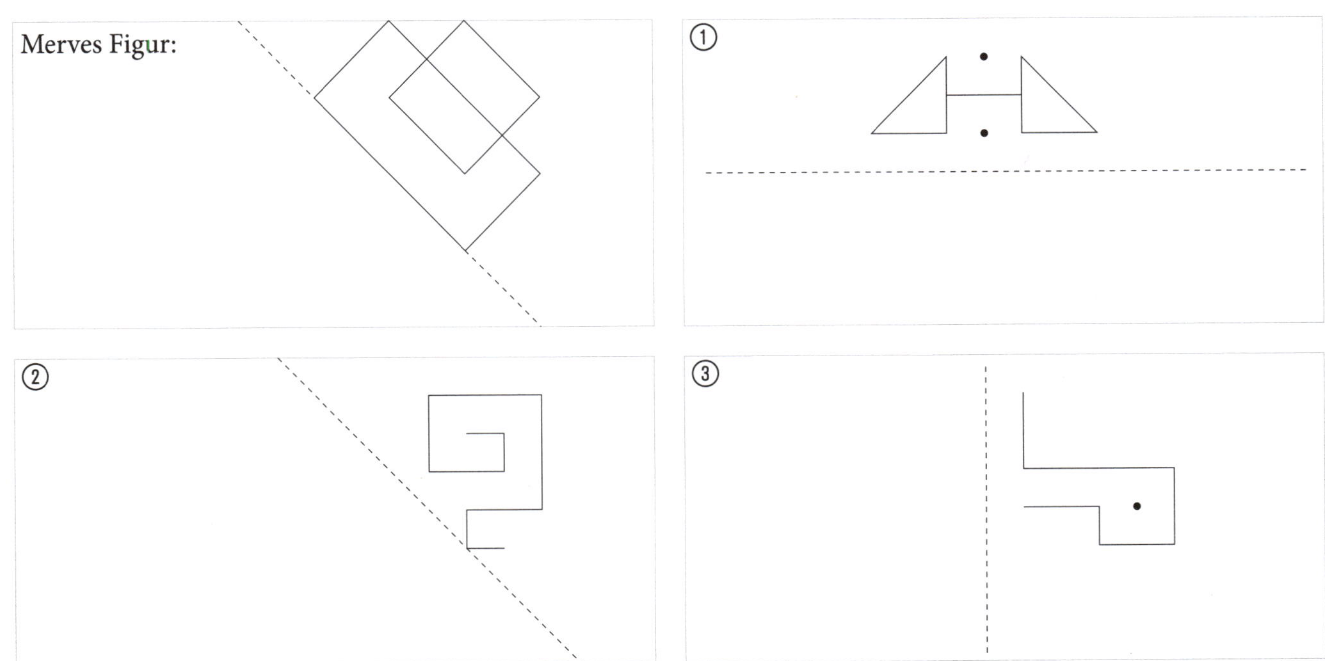

zu V5 und V6, S. 132, Kapitel „Kunstwerke", *mathewerkstatt* Bd. 1 (Kl. 5)

Arbeitsmaterial   Figuren spiegeln mit Karoraster

Spiegele die Figuren jeweils an der Spiegelachse.

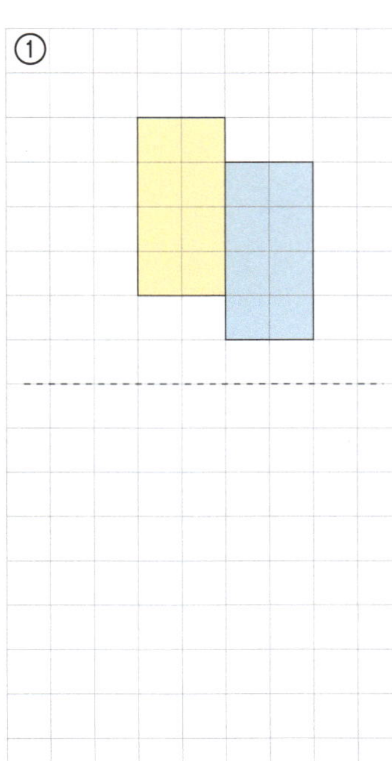

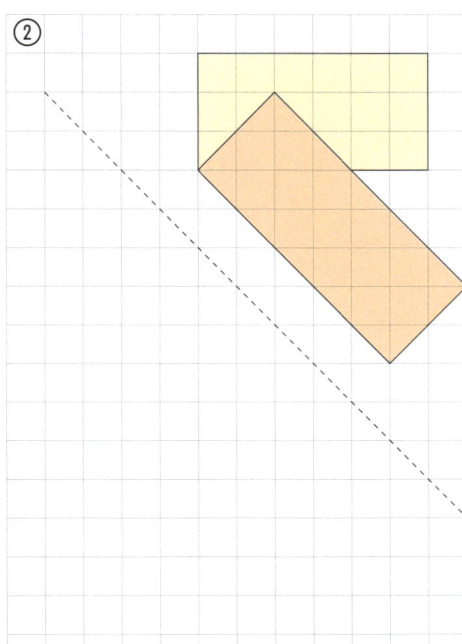

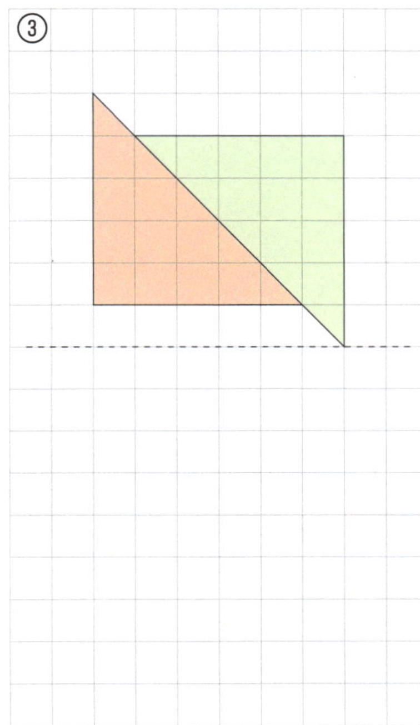

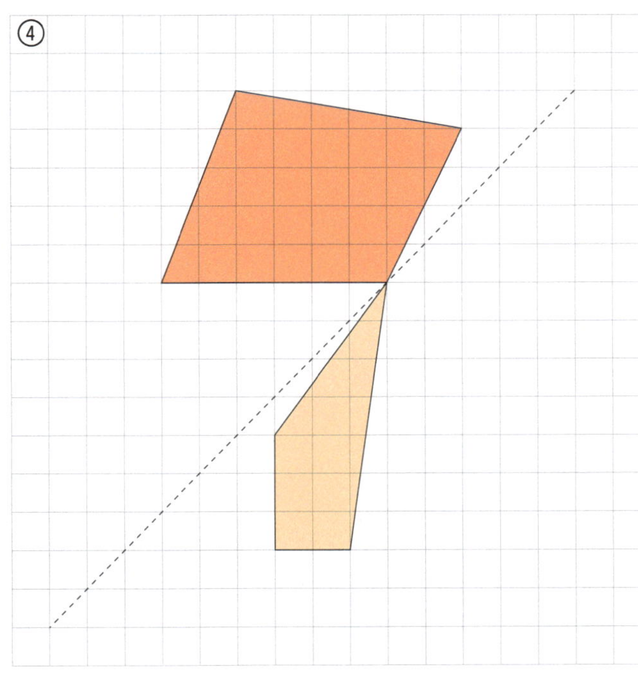

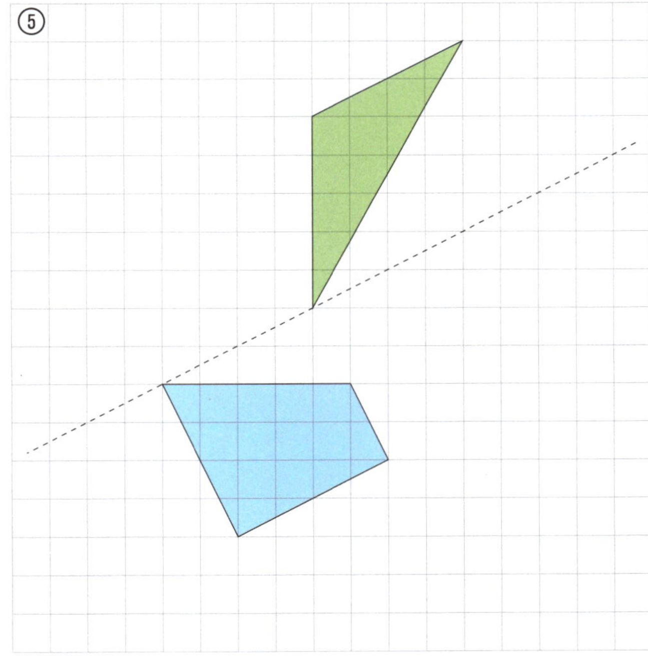

zu V7, S. 133, Kapitel „Kunstwerke", *mathewerkstatt* Bd. 1 (Kl. 5)

Arbeitsmaterial   Figuren mehrmals spiegeln

Spiegele die Figuren jeweils an beiden Spiegelachsen.

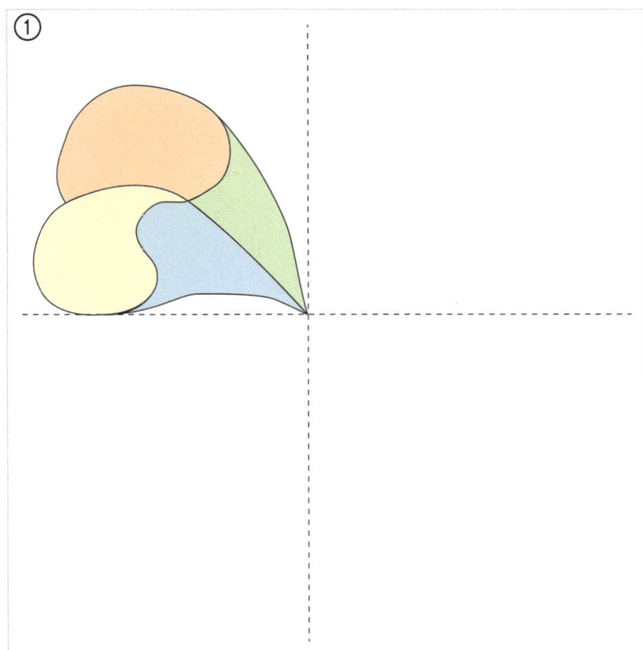

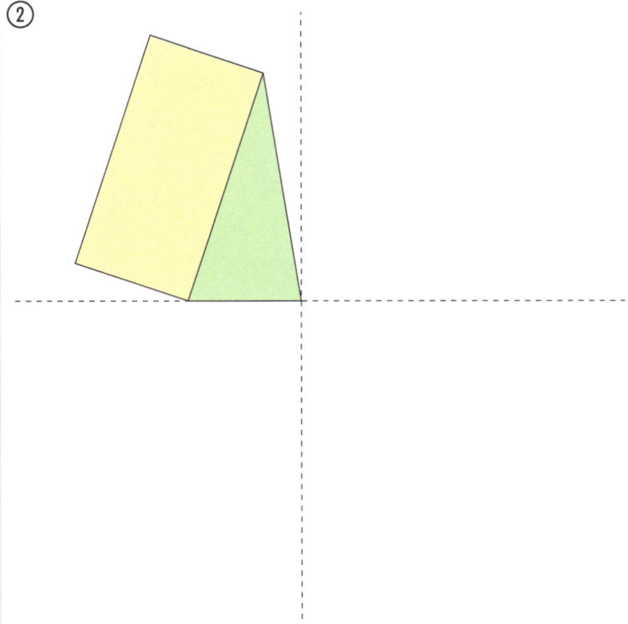

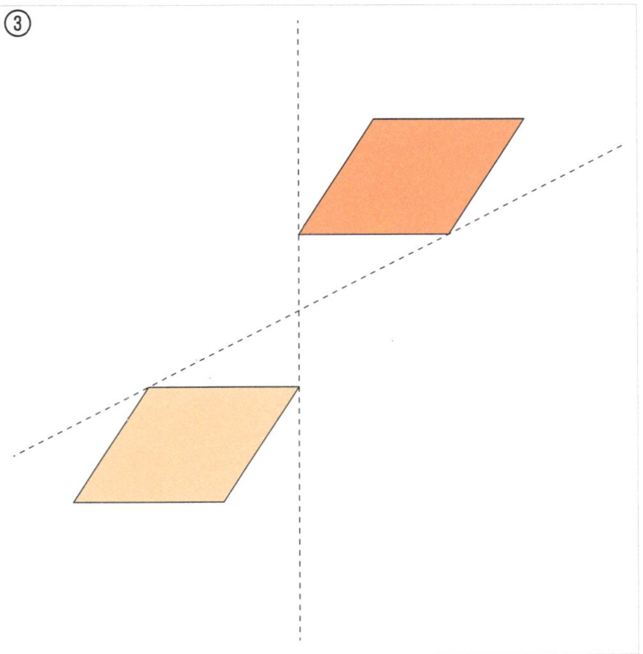

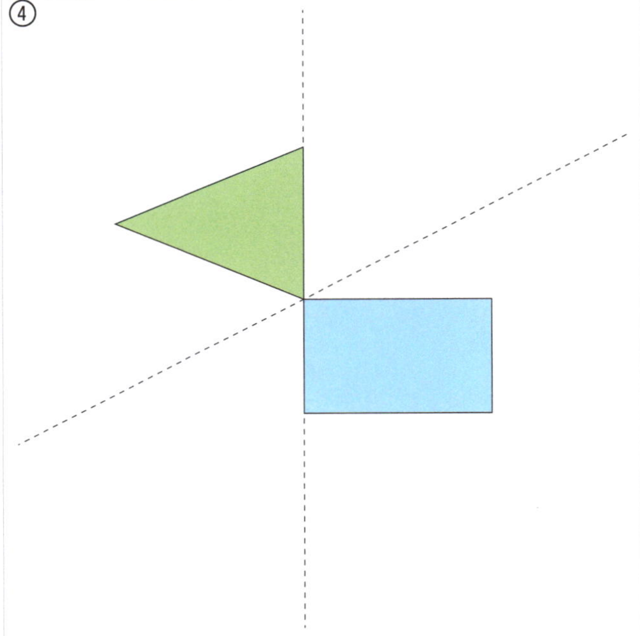

zu V8 und V9, S. 133, Kapitel „Kunstwerke", *mathewerkstatt* Bd. 1 (Kl. 5)

Arbeitsmaterial   Figuren verschieben

Verschiebe beide Figuren mehrmals in die Richtung des blauen und des roten Verschiebungspfeils.

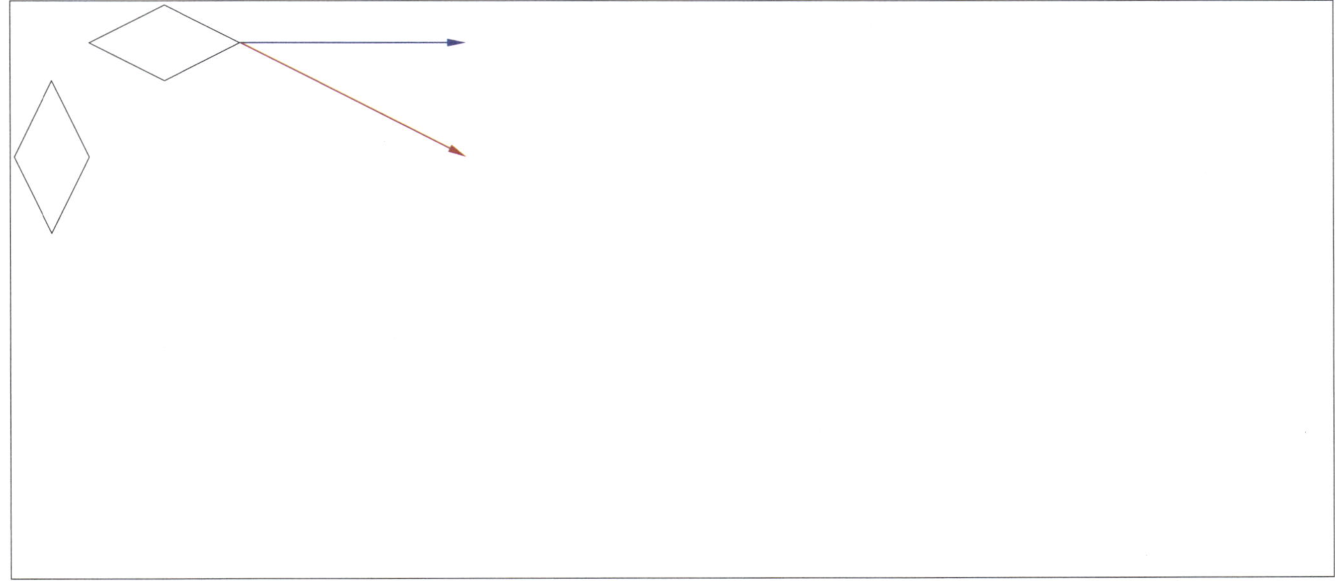

Arbeitsmaterial   Verschobene Figuren

Zeichne in jedes Bild ein mögliches Grundmuster und mögliche Verschiebungspfeile ein.

Wähle drei Bilder, schneide sie aus und klebe sie in den Wissensspeicher „Symmetrie 3" (MB 62).

zu V10 und V13, S. 134 und 135, Kapitel „Kunstwerke", *mathewerkstatt* Bd. 1 (Kl. 5)

Arbeitsmaterial Symmetrien in Natur und Technik

Welche Bilder sind spiegelsymmetrisch, welche drehsymmetrisch? Kreuze an.

❏ spiegelsymmetrisch
❏ drehsymmetrisch

❏ spiegelsymmetrisch
❏ drehsymmetrisch

❏ spiegelsymmetrisch
❏ drehsymmetrisch

❏ spiegelsymmetrisch
❏ drehsymmetrisch

❏ spiegelsymmetrisch
❏ drehsymmetrisch

❏ spiegelsymmetrisch
❏ drehsymmetrisch

❏ spiegelsymmetrisch
❏ drehsymmetrisch

❏ spiegelsymmetrisch
❏ drehsymmetrisch

❏ spiegelsymmetrisch
❏ drehsymmetrisch

❏ spiegelsymmetrisch
❏ drehsymmetrisch

❏ spiegelsymmetrisch
❏ drehsymmetrisch

❏ spiegelsymmetrisch
❏ drehsymmetrisch

Arbeitsmaterial   Gedreht und doch das Gleiche

Schneidet die Bilder aus und spielt das Spiel aus dem Schulbuch Seite 137.

zu V17, S. 137, Kapitel „Kunstwerke", *mathewerkstatt* Bd. 1 (Kl. 5)

Arbeitsmaterial Drehen auf Kästchenpapier

Ergänze jedes Bild zu einer drehsymmetrischen Figur.

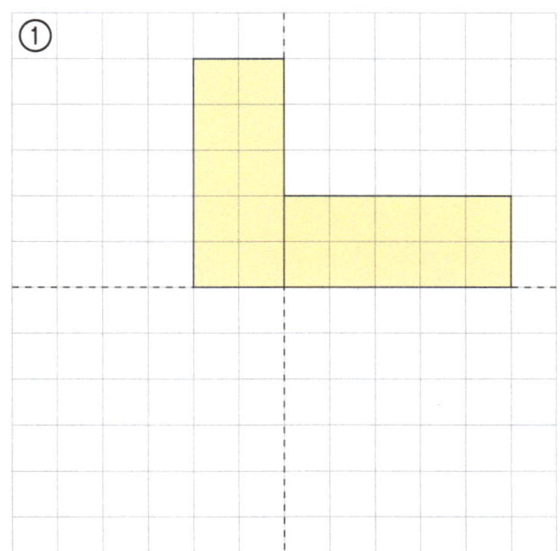

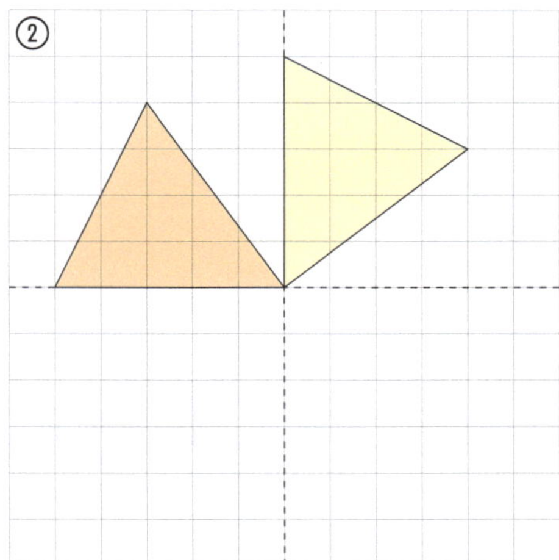

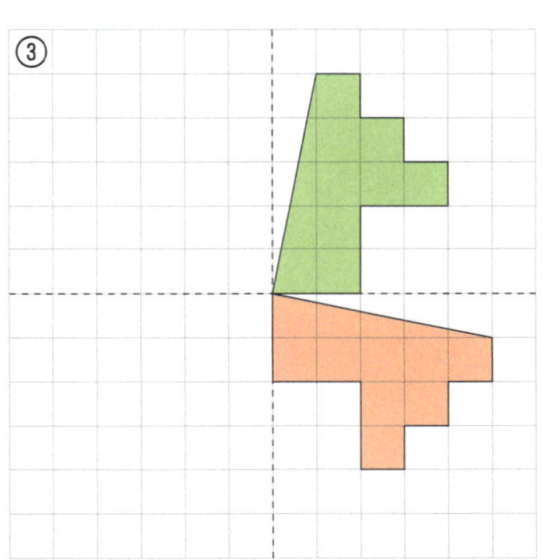

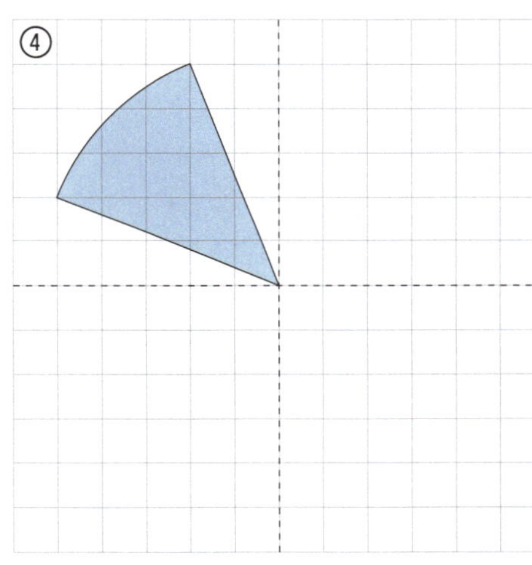

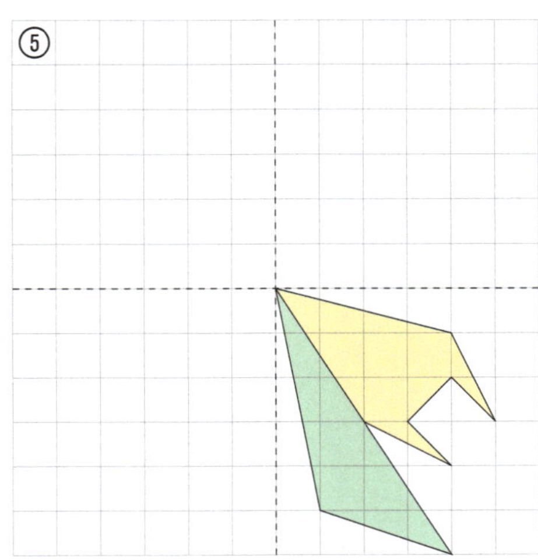

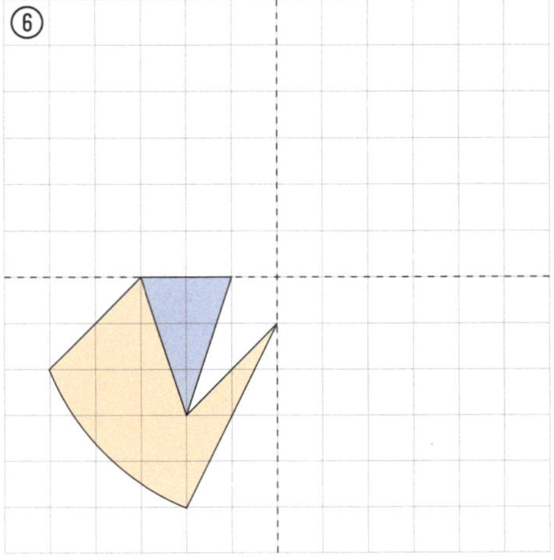

Arbeitsmaterial Drehen auf Kästchenpapier

zu V18, S. 37, Kapitel „Kunstwerke", *mathewerkstatt* Bd. 1 (Kl. 5)

Arbeitsmaterial   Kreise zeichnen

Mit dem Zirkel kannst du Kreise zeichnen.
Zeichne rechts einen Kreis mit 6 cm Durchmesser.

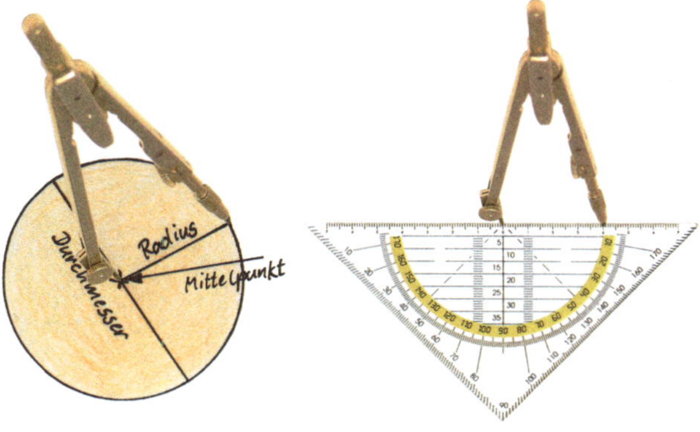

Die Kreise sollten die Durchmesser 1 cm, 2 cm und 3 cm haben.
Verbinde jedes Bild mit den passenden Tipps.

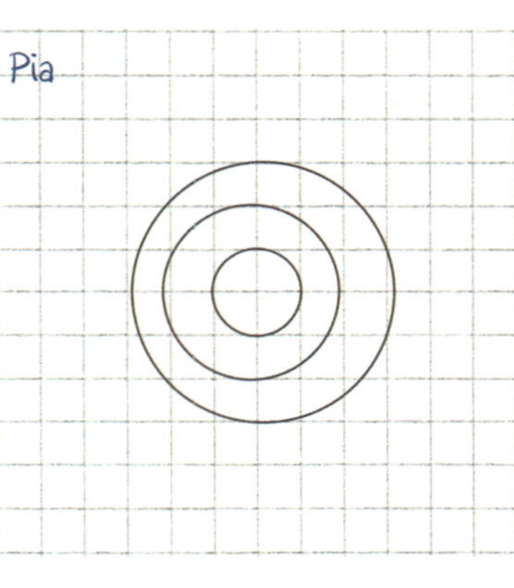

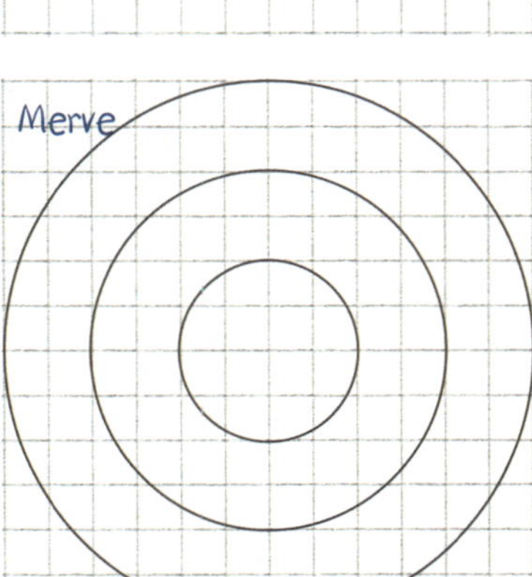

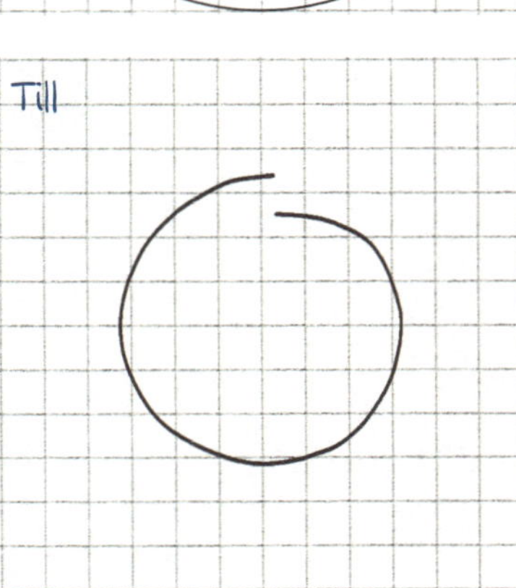

① Halte den Zirkel ganz locker mit einer Hand ganz oben am Griff.

② Achte darauf, ob der Radius oder der Durchmesser des Kreises gegeben ist.

③ Prüfe das Zirkelgelenk, das sollte nicht zu locker sein.

④ Spitze den Bleistift gut an.

⑤ Markiere den Mittelpunkt mit einem kleinen Kreuz, bevor du einen Kreis zeichnest – dann findet man ihn später wieder.

⑥ Miss mit dem Lineal oder dem Geodreieck den Abstand der beiden Zirkelspitzen. Das ist der Radius.

zu V25, S. 141, Kapitel „Kunstwerke", *mathewerkstatt* Bd. 1 (Kl. 5)

Checkliste Kunstwerke – Das Gleiche woanders erkennen und herstellen

Ich kann … Ich kenne …	So gut kann ich das …	Hier kann ich üben …
Ich kann erkennen ob ein Bild spiegelsymmetrisch ist und angeben, wie viele Spiegelachsen ein Bild hat. Gib an, ob die Bilder spiegelsymmetrisch sind. Wie viele Spiegelachsen findest du?	◉	S. 130 Nr. 1, 2 S. 131 Nr. 3 S. 137 Nr. 18
Ich kann Figuren an geraden Linien spiegeln. Übertrage die Figuren ins Heft. Spiegele die Buchstaben an der gestrichelten Linie.	◉	S. 132 Nr. 5, 6 S. 133 Nr. 7, 8, 9
Ich kann Verschiebungen erkennen. Finde im Bild Figuren, die verschoben wurden. In welche Richtung wurden sie verschoben?	◉	S. 134 Nr. 10, 11 S. 135 Nr. 12
Ich kann Verschiebungen zeichnen. Übertrage die Figur ins Heft und verschiebe sie entlang des Verschiebepfeils.	◉	S. 134 Nr. 11 S. 135 Nr. 13, 14
Ich kann erkennen, ob ein Bild drehsymmetrisch ist und den Drehpunkt angeben. Welche der Bilder sind drehsymmetrisch? Wo liegt jeweils der Drehpunkt? Gib an, aus wie vielen gleichen Teilen die Bilder bestehen.	◉	S. 136 Nr. 15, 16 S. 137 Nr. 17, 18
Ich kann fast spiegelsymmetrischen Bilder so abändern, dass sie spiegelsymmetrisch sind. An welchen Stellen müsste man dieses Bild anders zeichnen, damit es spiegelsymmetrisch ist?	◉	S. 138 Nr. 19, 20
Ich weiß, dass Kreise sowohl spiegel- als auch drehsymmetrisch sind und weiß, worauf man beim Zeichnen von Kreisen achten muss. Zeichne zwei Kreise, die den gleichen Mittelpunkt haben.	◉	S. 140 Nr. 23, 24 S. 141 Nr. 25
Ich kann spiegel- oder drehsymmetrische Bilder aus verschiedenen Kreisen zeichnen. Zeichne aus Kreisen eine Figur, die nur eine Spiegelachse hat.	◉	S. 141 Nr. 25, 26

Leistungen im Sport –
Immer genauer messen

Seiten im **Materialblock**:

Zahl und Maß

Wissensspeicher   Dezimalzahlen

Dezimalzahlen sind eine andere Schreibweise für Brüche, z. B. 0,3 oder 0,125.
Je mehr Stellen eine Dezimalzahl nach dem Komma hat, desto feiner muss die Einteilung
auf dem Zahlenstrahl sein, um die Zahl darzustellen oder abzulesen.

So kann man die verschiedenen Anteile eines Meters darstellen

am Maßband				
als Wort	1 Meter	1 Zehntelmeter		
als Bruch	$\frac{1}{1}$ m	$\frac{1}{10}$ m		
als Dezimalzahl	1,0 m	0,1 m		
als kleinere Einheit	–	1 dm		

So kann man 7,425 Meter auf dem Zahlenstrahl darstellen

    7,3   7,4   7,5   7,6

So kann man die Zahl 0,375 auf verschieden fein eingeteilten Zahlenstrahlen finden

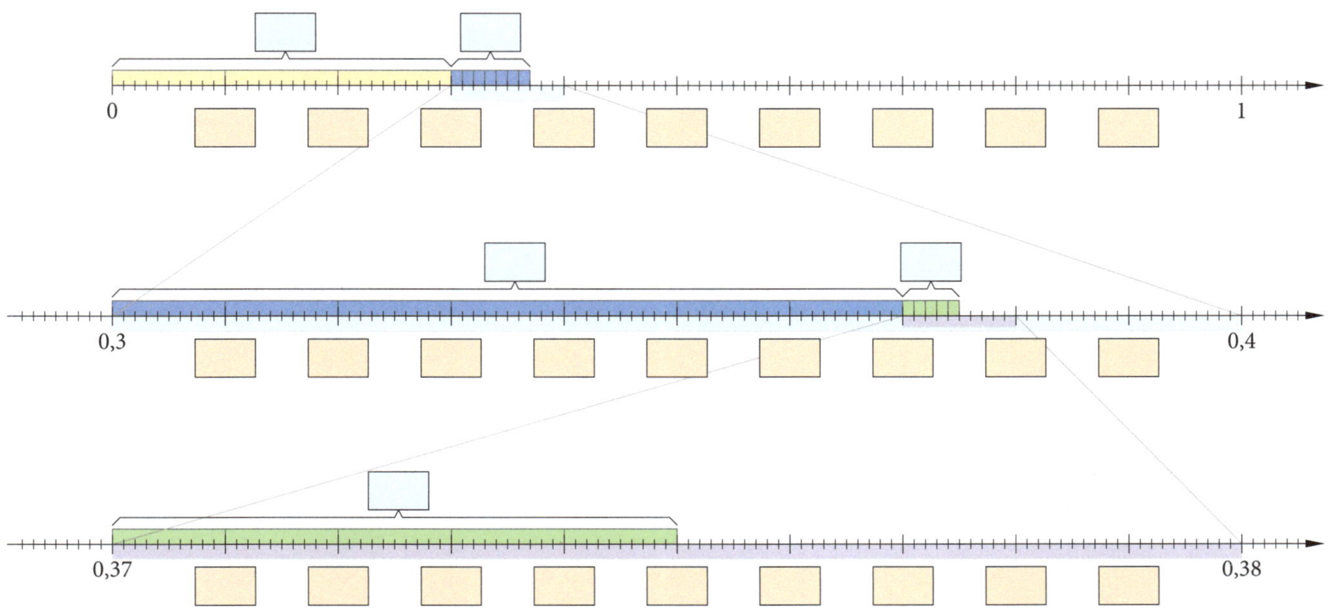

zu O2 und O3, S. 152, Kapitel „Leistungen im Sport", *mathewerkstatt* Bd. 1 (Kl. 5)

Wissensspeicher   Dezimalzahlen vergleichen

So schreibt man Dezimalzahlen in einer Stellentafel

Eine Stellentafel verdeutlicht die Bedeutung jeder Ziffer einer Dezimalzahl.

Praktische Abkürzungen:
H – Hunderter
Z – Zehner
E – Einer
z – Zehntel
h – Hundertstel
t – Tausendstel

4	3	2	3	9
4	3	4	9	1
4	3	6	7	7
4	3	7	9	9
4	3	9	3	7
4	3	9	5	0
4	3	9	7	4
4	3	9	7	5

Diese Dezimalzahl ist

____

So kann man Dezimalzahlen vergleichen

Verfahren	Vergleich von 44,129 und 44,62	Vor- und Nachteile
einen Zahlenstrahl skizzieren		
eine Stellenwerttafel verwenden		
von links nach rechts vergleichen		

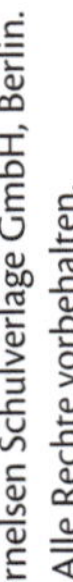

Zahl und Maß

Wissensspeicher — Dezimalzahlen runden und mit ihnen rechnen

So kann man Dezimalzahlen runden

Eine Dezimalzahl lässt sich auf verschiedene Stellen runden.
Das Runden bei den Stellen nach dem Komma funktioniert genauso wie bei den ganzen Zahlen.
Gut zu wissen: 0, 1, 2, 3, 4 werden abgerundet und 5, 6, 7, 8, 9 werden aufgerundet.

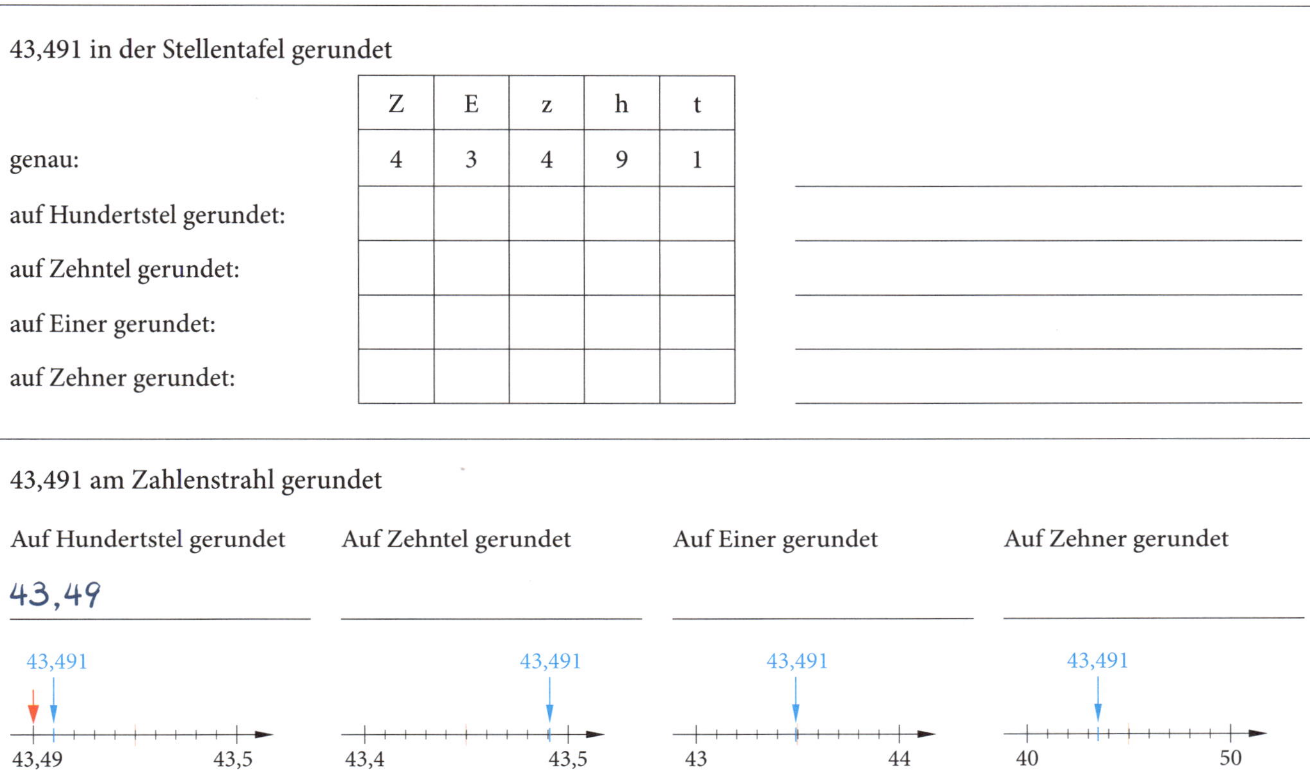

43,491 in der Stellentafel gerundet

	Z	E	z	h	t	
genau:	4	3	4	9	1	
auf Hundertstel gerundet:						
auf Zehntel gerundet:						
auf Einer gerundet:						
auf Zehner gerundet:						

43,491 am Zahlenstrahl gerundet

Auf Hundertstel gerundet	Auf Zehntel gerundet	Auf Einer gerundet	Auf Zehner gerundet
43,49			

So kann man Dezimalzahlen addieren

Beim Addieren von Dezimalzahlen muss darauf geachtet werden, dass immer passende Stellen addiert werden.

Rechenweg	eigenes Beispiel
Z E z h 4 5 6 0 1 8 4 5 7 8	
45,60 0,18 45,78	

Methodenspeicher Informationen in Texten finden

Leichtathletik-Länderwettkampf zwischen Deutschland und England

In Glasgow gab es am letzten Wochenende einen Länderwettkampf zwischen deutschen und englischen Leichtathleten.

Den ersten deutschen Sieg errang Cathleen TSCHIRCH aus Leverkusen beim 200-m-Lauf. Sie gewann deutlich mit 23,86 Sekunden und war damit gut 3 Zehntel schneller als die Zweitplatzierte Britin Joice MADUAKA, die 24,17 Sekunden lief. Auch über 400 m waren deutsche Athleten erfolgreich:

Wiebke ULLMANN (Hamburg) siegte mit 54,41 Sekunden.

Der Potsdamer Thomas SCHNEIDER erzielte über die gleiche Distanz einen Sieg mit 47,02 Sekunden.

Fragen und Antworten zum Text:

(1)   Hätte Joice Maduaka gewonnen, wenn sie 3 Zehntel schneller gelaufen wäre?

    ____

    Wie viele Textstellen waren notwendig, um diese Frage zu beantworten?   _________

    Musste man für die Antwort noch mehr wissen, als im Text steht?   _____________

(2)   Hätte Cathleen Tschirch auch die 400 m schneller als Thomas Schneider oder als Wiebke Ullmann laufen können?

    ____

    Wie viele Textstellen waren notwendig, um diese Frage zu beantworten?   _________

    Musste man für die Antwort noch mehr wissen, als im Text steht?   _____________

In dieser Reihenfolge kann man vorgehen, um die Fragen zu beantworten:

1)   Unterstreiche jede Frage mit einer anderen Farbe. _______________

2)   ____

3)   ____

4)   ____

5)   ____

6)   ____

Arbeitsmaterial   Dezimalzahlen am Zahlenstrahl

Trage auf einem der Zahlenstrahlen deine Ergebnisse beim Arbeiten mit der Stoppuhr ein.

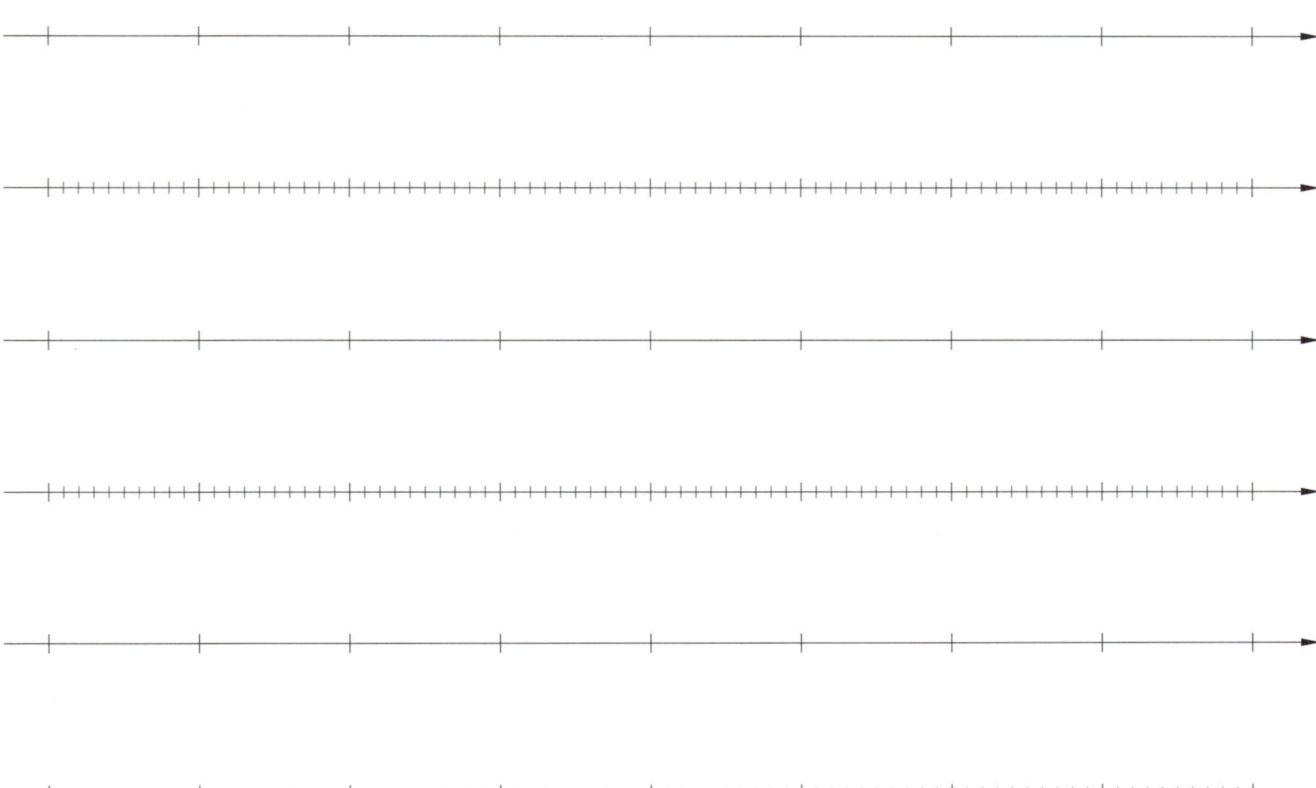

Die Liste zeigt Rekorde beim 400-m-Lauf der Männer. Trage die Zeiten auf einem der Zahlenstrahlen ein. Du kannst auch eine dir besser geeignete Einteilung des Zahlenstrahls vornehmen.

Zeit (min)	Name	Datum
45,06	Martin Jellinghaus	17.10.1968
44,7	Karl Honz	21.07.1972
44,5	Erwin Skamrahl	26.07.1983
44,48	Thomas Schönlebe	21.08.1987
44,33	Thomas Schönlebe	03.09.1987

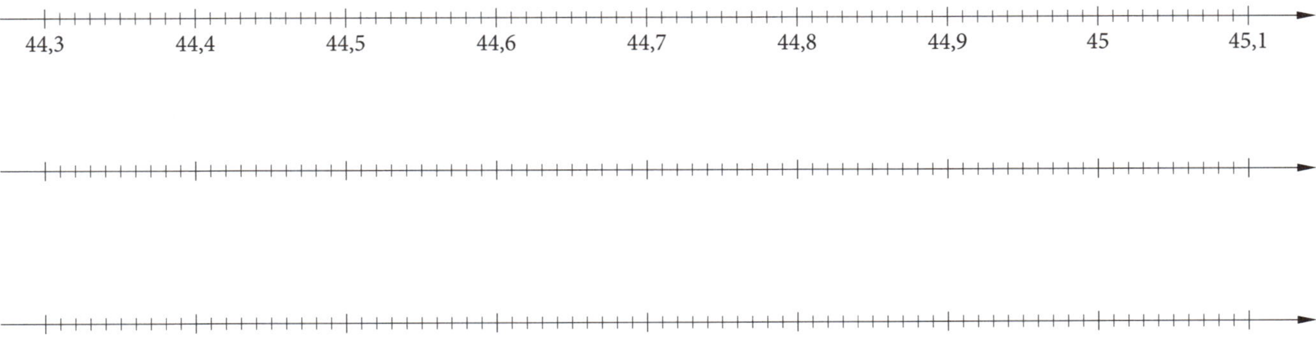

zu E4 und E6, S. 147 und 149, Kapitel „Leistungen im Sport", *mathewerkstatt* Bd. 1 (Kl. 5)

Arbeitsmaterial   Dezimalzahlen in der Anzeigetafel

In der Tabelle sind Ergebnisse bei einem Rodelwettkampf zusammengestellt.
Ergänze die fehlenden Zeiten in der Anzeigetafel. Rechne dazu auch schriftlich, falls nötig.

Name	Land	Zeit 1. Lauf	Zeit 2. Lauf
Natalie Geisenberger	Deutschland	40,03 s	40,06 s
Natalia Yakushenko	Ukraine	40,23 s	40,20 s
Tatjana Hüfner	Deutschland	39,95 s	39,9 s
Erin Hamlin	USA	40,14 s	40,21 s
Silke Kraushaar	Deutschland	39,99 s	40,07 s

Nebenrechnungen:

Arbeitsmaterial   Zahlenstrahlen

Wenn du eine Dezimalzahl an einem Zahlenstrahl darstellen möchtest,
wähle einen geeigneten Zahlenstrahl aus und ergänze eine Einteilung.

Arbeitsmaterial　Dezimalzahlen-Trio (1 von 2)

Spielregeln:

- 4 bis 6 Kinder spielen zusammen.
- Die Karten werden ausgeschnitten und gemischt.
- 12 Karten werden offen auf den Tisch gelegt.
- Wer drei zusammengehörende Karten entdeckt, ruft Trio und darf sich die drei Karten nehmen.
- Dann werden 3 neue Karten ergänzt, sodass wieder 12 Karten offen auf dem Tisch liegen.
- Wer zum Schluss die meisten Trios hat, ist Gewinner.

$\dfrac{1}{1}$	$\dfrac{1}{100} + \dfrac{1}{25}$	ein Ganzes	$\dfrac{75}{100}$
	1,0	0,75	0,1
ein Zehntel	vier Zehntel	$\dfrac{1}{20} + \dfrac{1}{20}$	0,10
eins		0,01	fünf Hundertstel

zu V20, S. 161, Kapitel „Leistungen im Sport", *mathewerkstatt* Bd. 1 (Kl. 5)

Arbeitsmaterial   Dezimalzahlen-Trio (2 von 2)

$\frac{1}{100}$	$\frac{10}{1000}$	$0{,}4$	drei Viertel
	$\frac{1}{10} + \frac{3}{10}$	$\frac{2}{5}$	$\frac{40}{100}$
$\frac{1}{10}$	$\frac{3}{4}$	1	
$\frac{1}{2} + \frac{1}{4}$		$\frac{5}{100}$	$\frac{1}{20}$
$0{,}05$	ein Hundertstel		$\frac{1}{200} + \frac{1}{200}$

zu V20, S. 161, Kapitel „Leistungen im Sport", *mathewerkstatt* Bd. 1 (Kl. 5)

Checkliste **Leistungen im Sport – Immer genauer messen**

Ich kann … Ich kenne …	So gut kann ich das …	Hier kann ich üben …
Ich kann Dezimalzahlen an einem Zahlenstrahl ablesen. Welche Zeit wurde gestoppt?	◉	S. 156 Nr. 1, 2, 3 S. 157 Nr. 8
● **Ich kann erklären, wie man einen Zahlenstrahl verfeinert, um eine Dezimalzahl darauf einzuzeichnen.** Erkläre, wie man vorgeht, um die Zahl 1,53 auf einem Zahlenstrahl einzuzeichnen, der nur 1,4…1,5…1,6 usw. anzeigt.	◉	S. 157 Nr. 5, 6
Ich kann erklären, wie eine Stellentafel aufgebaut ist und wie man Dezimalzahlen einträgt und liest. Schreibe die folgenden Zahlen in eine Stellentafel: (1) 12 und 2 Zehntel (2) 12 und 2 Hundertstel (3) 12 und 20 Hundertstel (4) 12,03 (5) 12,3 (6) 12,33 (7) 12,30	◉	S. 158 Nr. 9, 10
Ich kann die Stellen einer Dezimalzahl als Zehntel, Hundertstel und Tausendstel angeben. Lies die folgenden Zahlen in Worten ab: (Benutze „Zehntel" und „Hundertstel".) (1) 12,03 (2) 12,3 (3) 12,33 (4) 12,30	◉	S. 158 Nr. 9, 10
● **Ich kann Dezimalzahlen nach ihrer Größe vergleichen.** Ordne die folgenden Zahlen in aufsteigende Reihenfolge: 0,1; 0,2; 0,12; 0,21; 0,102; 0,201; 0,120	◉	S. 160 Nr. 15–18
Ich kann einfache Dezimalzahlen im Kopf addieren und subtrahieren. ▪ Berechne 1,5 + 3,05. ▪ Wie groß ist der Unterschied zwischen 4,05 und 4,7?	◉	S. 162 Nr. 23, 25 S. 163 Nr. 26 S. 164 Nr. 31
Ich kann Dezimalzahlen schriftlich addieren und subtrahieren. ▪ Berechne schriftlich: 123,45 + 0,01 + 22,5 ▪ Berechne schriftlich: 3,43 – 0,5	◉	S. 162 Nr. 22, 24 S. 163 Nr. 27, 28
Ich kann Dezimalzahlen runden und Rechnungen mit Dezimalzahlen überschlagen. Runde auf Zehntel und rechne dann: 1,72 + 0,19 + 3,49	◉	S. 159 Nr. 14 S. 164 Nr. 32
Ich kann in einem Text Informationen zur Beantwortung einer Frage finden. Finde im Text auf der Auftaktseite heraus, um wie viel sich die gestoppten Zeiten von dem 1960 eingetragenen Weltrekord unterschieden haben.	◉	S. 161 Nr. 21 S. 165 Nr. 35, 36

zur Checkliste, S. 166, Kapitel „Leistungen im Sport", *mathewerkstatt* Bd. 1 (Kl. 5)

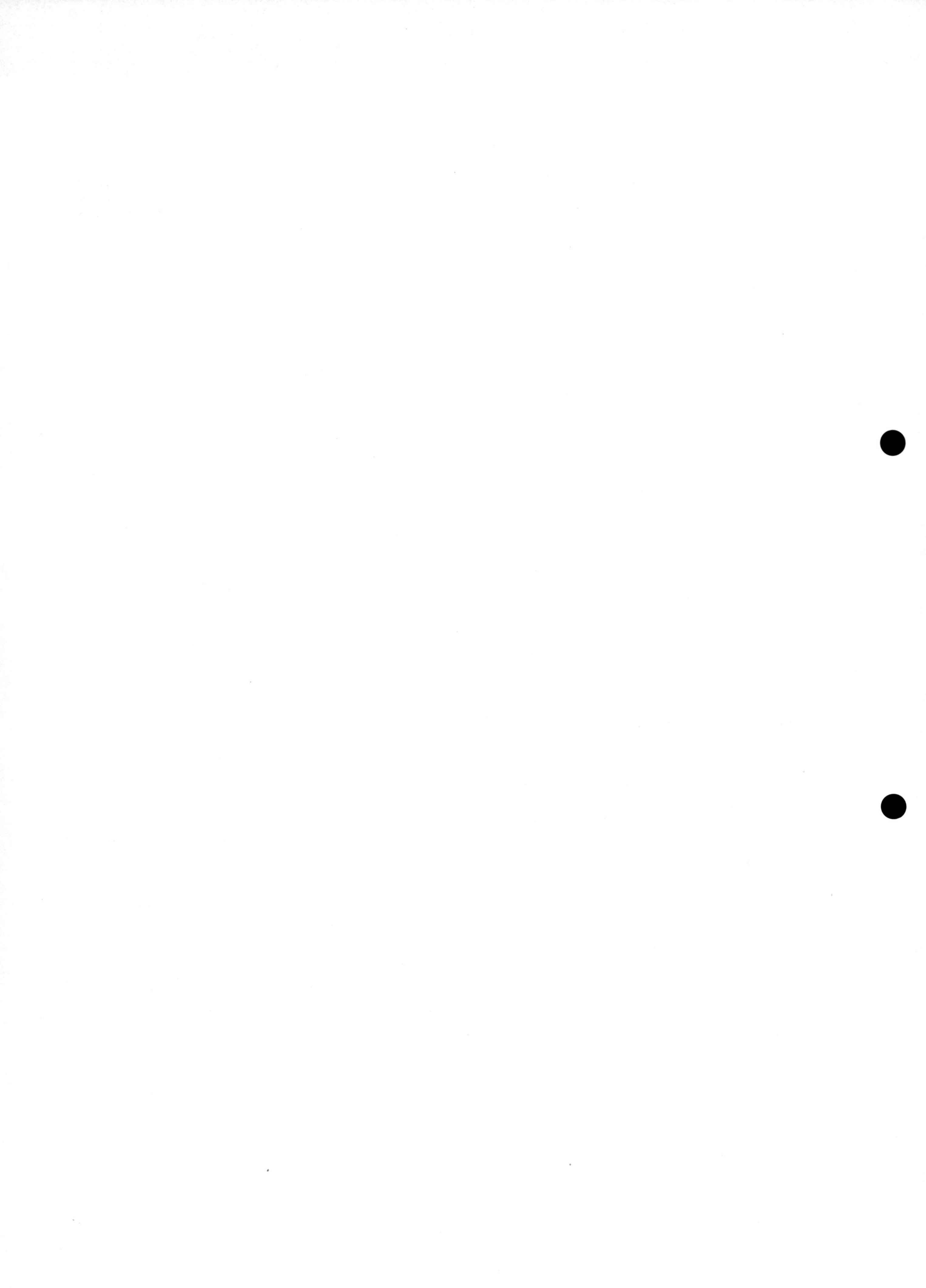

Lebensraum Zoo –
Flächen und Räume vergleichen

Seiten im **Materialblock:**

▶ Wissensspeicher ab Seite MB 95

▶ Arbeitsmaterial ab Seite MB 101

▶ Checkliste Seite MB 112

Wissensspeicher   Flächen vergleichen und Flächeninhalte messen

So kann man die Größe von zwei Flächen vergleichen

Verfahren	Beispiel
Man kann versuchen, die Flächen aufeinanderzulegen	
Man kann versuchen, eine Fläche zu zerschneiden und damit die andere Fläche auszulegen.	
Man kann versuchen, die Flächen mit vielen gleichen Flächenstückchen auszulegen und die dann abzuzählen.	

So kann man den Flächeninhalt einer Fläche messen

Der Flächeninhalt gibt die Größe einer Fläche an.
Man kann den Flächeninhalt einer Fläche messen, indem man zählt,
wie viele Quadrate einer bestimmten Größe hineinpassen.

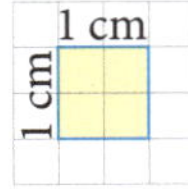

Im Heft sind immer vier Kästchen zusammen ein Quadratzentimeter (cm^2).

Beispiele:

(1) 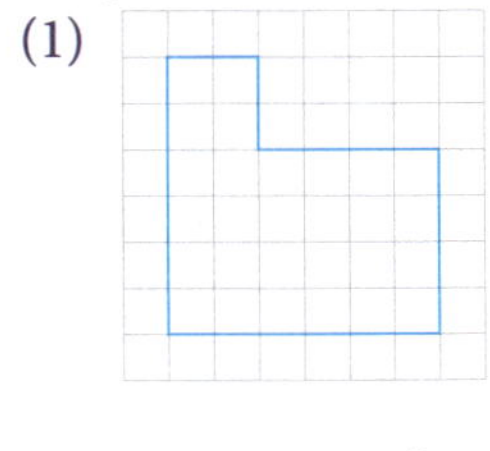

_______ Kästchen

_______ cm^2

(2) 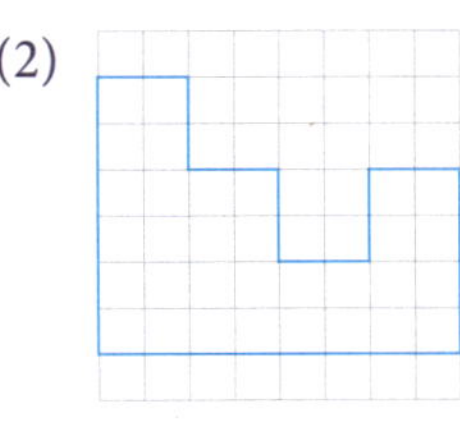

_______ Kästchen

_______ cm^2

(3) 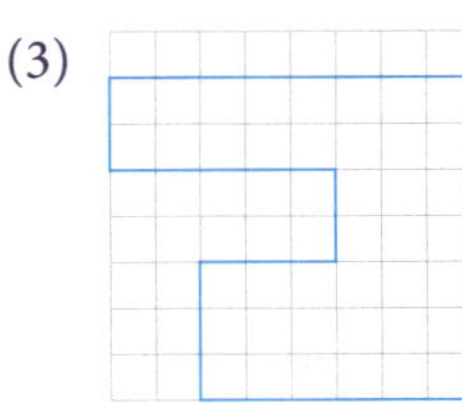

_______ Kästchen

_______ cm^2

Ein Quadratzentimeter muss nicht immer die Form eines Quadrates haben.
Man kann ihn auch so zeichnen:

zu O1 und O2, S. 176, Kapitel „Lebensraum Zoo", *mathewerkstatt* Bd. 1 (Kl. 5)

Raum und Form

Wissensspeicher — Flächeninhalt von Rechtecken und zusammengesetzten Flächen

So berechnet man den Flächeninhalt von Rechtecken

1. Möglichkeit	2. Möglichkeit	3. Möglichkeit
Man multipliziert die Kästchen in einer Reihe mit der Anzahl der Reihen.	Man multipliziert die Kästchen in einer Spalte mit der Anzahl der Spalten.	Man rechnet Länge mal Breite.
Rechnung: ______ Kästchen pro Reihe ______ Reihen ________________________	Rechnung: ______ Kästchen pro Spalte ______ Spalten ________________________	Rechnung: Länge: ______ Breite: ______ ________________________

So kann man den Flächeninhalt von zusammengesetzten Flächen geschickt berechnen

Weg: _________________________   _________________________

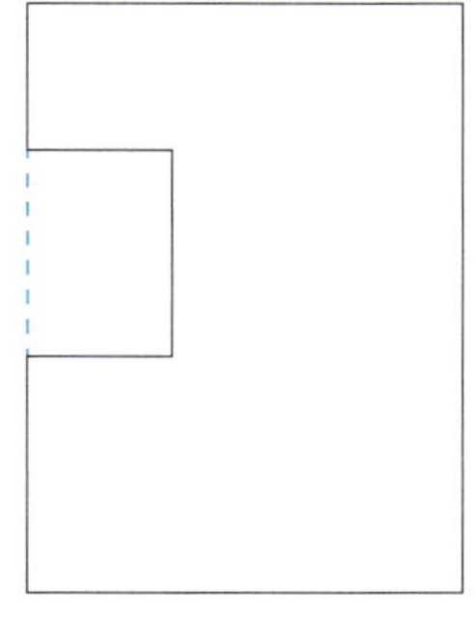

Rechnung:

ganzes Rechteck: _____________   oberstes Rechteck: _____________

ausgeschnittenes Rechteck: _____________   mittleres Rechteck: _____________

    unteres Rechteck: _____________

gesuchter Flächeninhalt: _____________   gesuchter Flächeninhalt: _____________

Raum und Form

zu O3 und O4, S. 177, Kapitel „Lebensraum Zoo", *mathewerkstatt* Bd. 1 (Kl. 5)

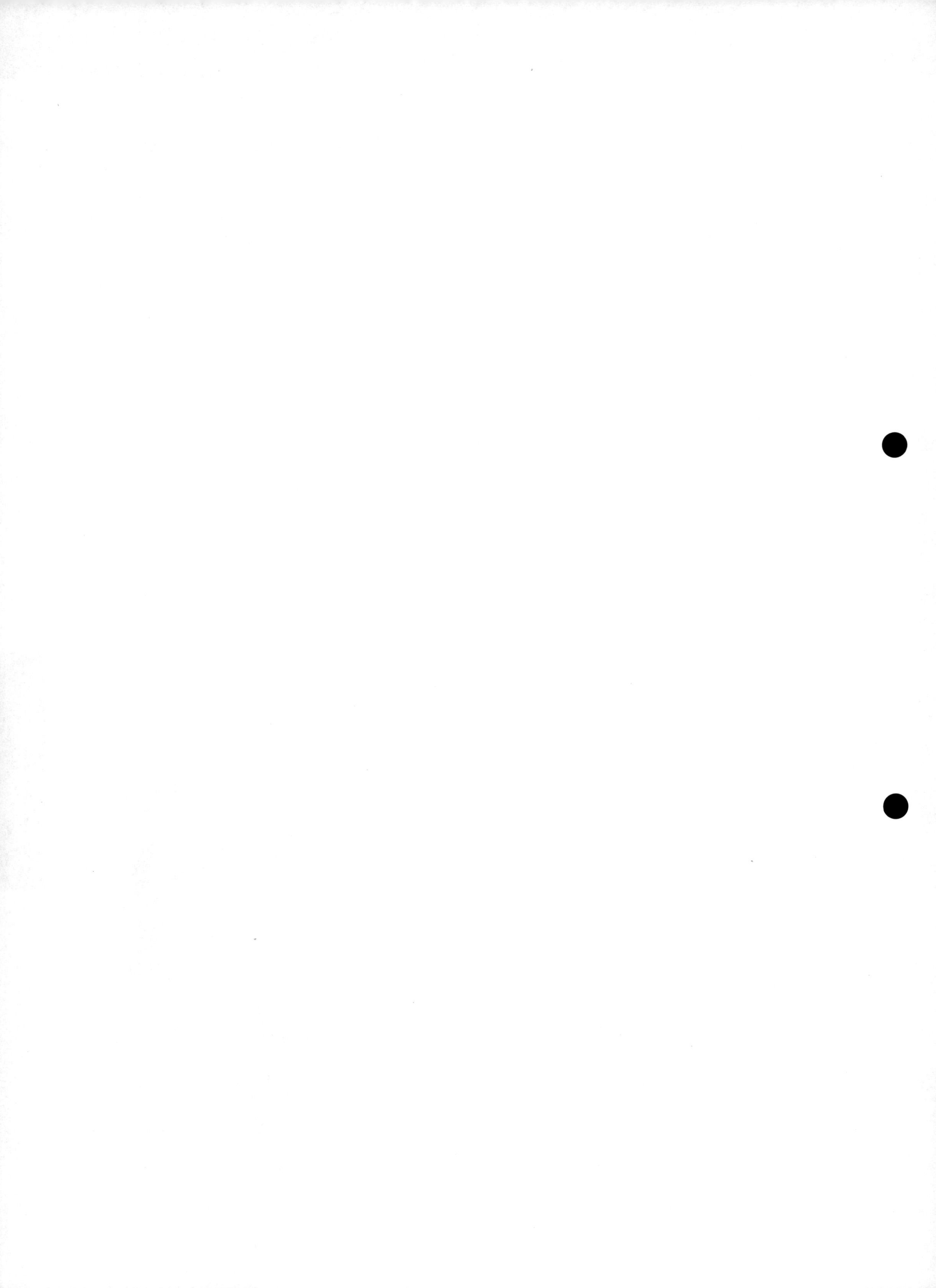

Wissensspeicher   Flächeneinheiten

So kann man sich die verschiedenen Flächeneinheiten vorstellen

Längeneinheit	Flächeneinheit	Beispiel
Millimeter (1 mm)		
Zentimeter (1 cm)		
Dezimeter (1 dm)		
Meter (1 m)		
Kilometer (1 km)		

So kann man die verschiedenen Flächeneinheiten ineinander umrechnen

Das Bild rechts soll verdeutlichen, wie die einzelnen Einheiten zusammenhängen.

Man stellt sich in den beiden blauen Kästen passende Längeneinheiten vor, z. B. m und dm.

Die kleinere Längeneinheit passt _________-mal in die größere.

Die kleinere Flächeneinheit passt _________-mal in die größere.

Umrechnungen:

(1)   1 m = _________ dm, $1\,m^2$ = _________ dm^2

(2)   1 dm = _________ cm, $1\,dm^2$ = _________ cm^2

(3)   1 cm = _________ mm, $1\,cm^2$ = _________ mm^2

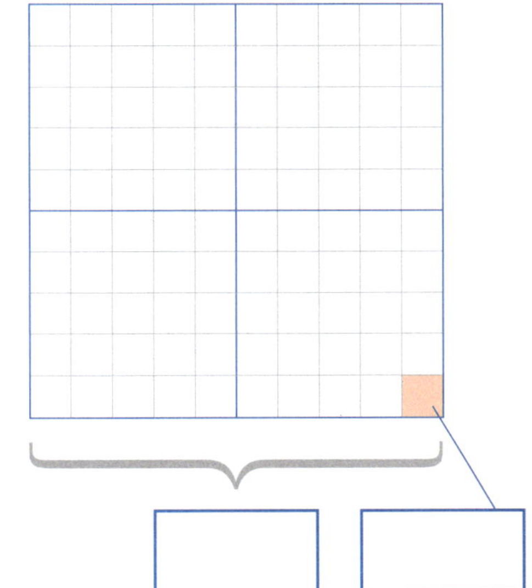

So kann man Flächeninhalte mit verschiedenen Einheiten angeben

Flächeninhalt des Rechtecks:

1,30 m · 1,10 m = _________ dm · _________ dm

           = _________ dm^2

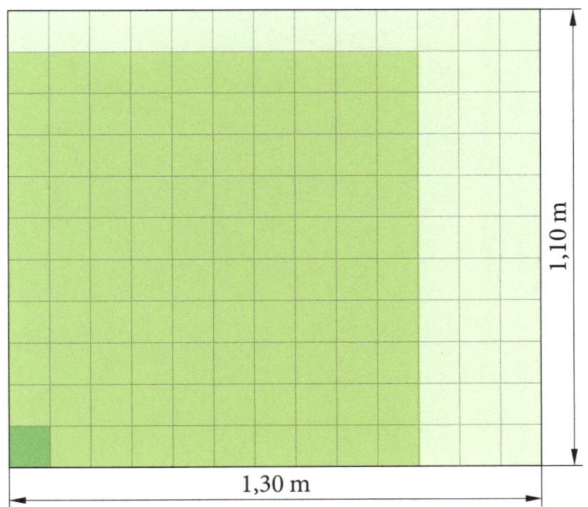

Raum und Form

Wissensspeicher   Umfang von Flächen

Flächen haben nicht nur einen **Flächeninhalt** sondern auch einen **Umfang**.

So kann man Umfang und Flächeninhalt auseinanderhalten

☐☐fang ist dr☐☐ her☐☐,
Flächen☐☐halt ist ☐☐nen dr☐☐.

Ole und Till erklären, wie man den _______________ berechnet:

Mein Beispiel:

Merve und Pia erklären, wie man den ________________________ berechnet.

Mein Beispiel:

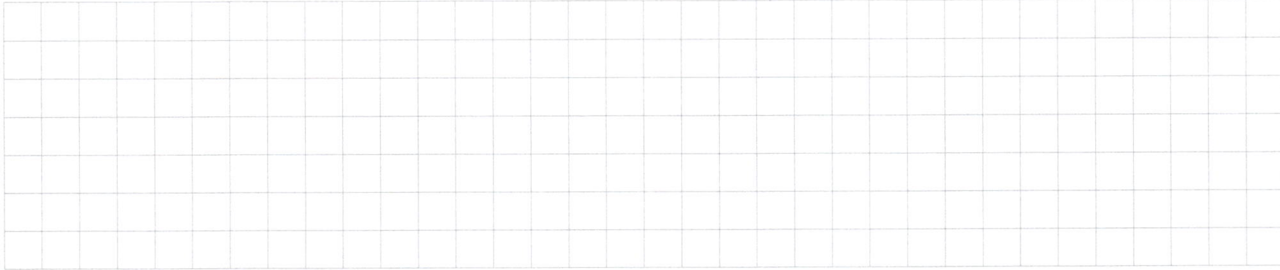

Raum und Form

Wissensspeicher   Volumen von Quadern und Volumeneinheiten

Der Rauminhalt (das Volumen) beschreibt die Größe eines Körpers oder eines Raumes.

So berechnet man den Rauminhalt bzw. das Volumen eines Quaders

Wenn man Länge, Breite und Höhe eines Quaders kennt, dann berechnet man das Volumen:

____

Beispiel:

Dieser Quader hat eine Länge von _________,

eine Breite von _________ und eine Höhe von _________.

Sein Volumen beträgt _________________.

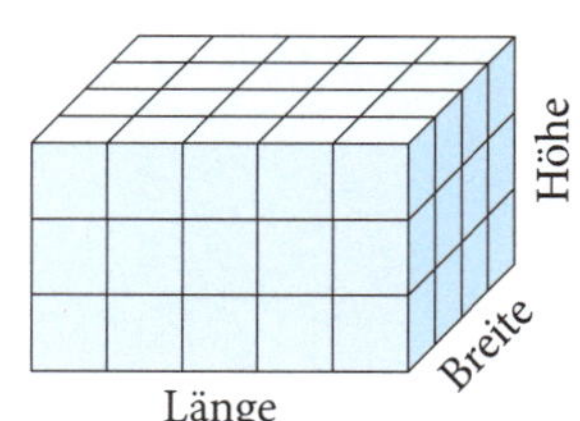

So kann man sich die verschiedenen Volumeneinheiten vorstellen

Längeneinheit	Volumeneinheit	Beispiel
Meter (1 m)		
Dezimeter (1 dm)		
Zentimeter (1 cm)		
Millimeter (1 mm)		

So kann man die verschiedenen Volumeneinheiten ineinander umrechnen

Das Bild rechts soll verdeutlichen, wie die einzelnen
Einheiten zusammenhängen.
Man stellt sich in den beiden blauen Kästen
passende Längeneinheiten vor, z. B. m und dm.

Die kleinere Längeneinheit passt _________-mal in die größere.

Die kleinere Volumeneinheit passt _________-mal in die größere.

Umrechnungen:

(1) $1\,m$ = _______ dm, $1\,m^3$ = _______ dm^3

(2) $1\,cm$ = _______ mm, $1\,cm^3$ = _______ mm^3

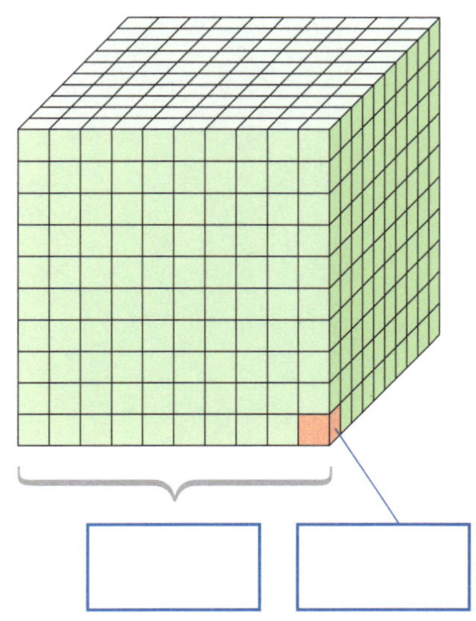

Raum und Form

Wissensspeicher   Oberfläche eines Quaders

Die gesamte äußere Fläche eines Quaders nennt man auch Oberfläche.
Wenn man das Netz eines Quaders zeichnet, kann man die Oberfläche gut erkennen.

So kann man die Größe der Oberfläche eines Quaders berechnen

Schrägbild

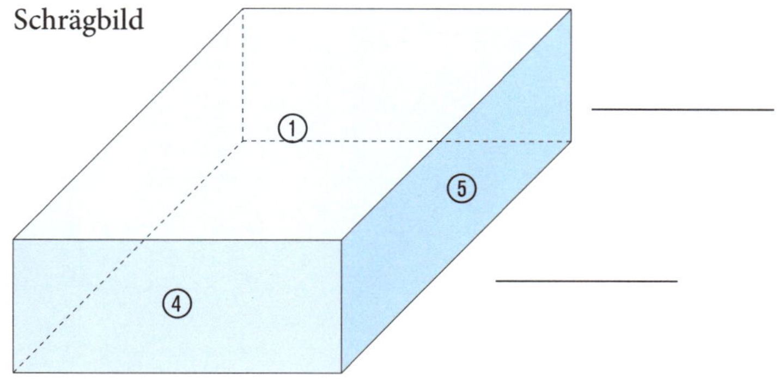

Netz

Der Inhalt der Oberfläche eines Quaders ist die Summe der Flächeninhalte der 6 Seitenflächen.

Flächeninhalte der einzelnen Rechtecke

Rechtecke ①: Rechtecke ②:

Rechtecke ③: Rechtecke ④:

Rechtecke ⑤: Rechtecke ⑥:

Größe der Oberfläche des gesamten Quaders:

zu O12, S. 181, Kapitel „Lebensraum Zoo", *mathewerkstatt* Bd. 1 (Kl. 5)

Raum und Form

Arbeitsmaterial Zoogehege vergleichen

Vergleiche die Größen der Zoogehege miteinander.
Finde eine mögliche Reihenfolge der Gehege vom kleinsten zum größten.

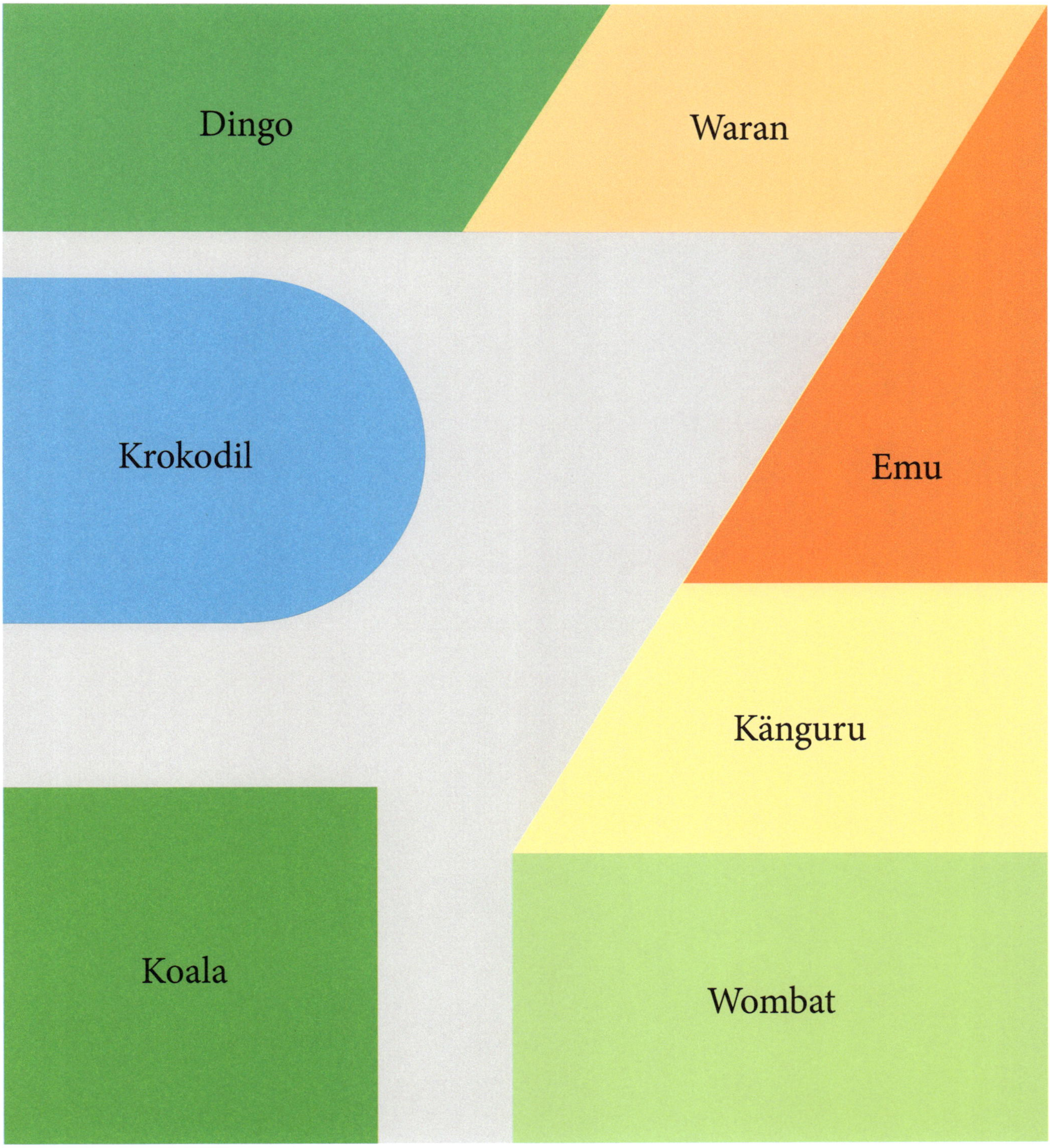

Arbeitsmaterial Zoogehege vergleichen

Arbeitsmaterial   Wüstenfuchskäfige

Das gelbe Rechteck kennzeichnet den
Platzbedarf eines Wüstenfuchspaares.
Die grünen Flächen stellen verschiedene
Käfige dar.
Wie viele Wüstenfuchspaare können jeweils
in den abgebildeten Käfigen leben?

Vorlage zum
ausschneiden

zu E2, S. 170, Kapitel „Lebensraum Zoo", *mathewerkstatt* Bd. 1 (Kl. 5)

Arbeitsmaterial Elefantenställe

Ein Kästchen entspricht 1 m². Die Mauern des Elefantenhauses sind eingezeichnet.
Finde eine Einteilung in acht Elefantenställe, die jeweils nicht weniger als 21 m² Platz
pro Elefant bietet. Natürlich darf der Besucherbereich innen nicht vergessen werden.

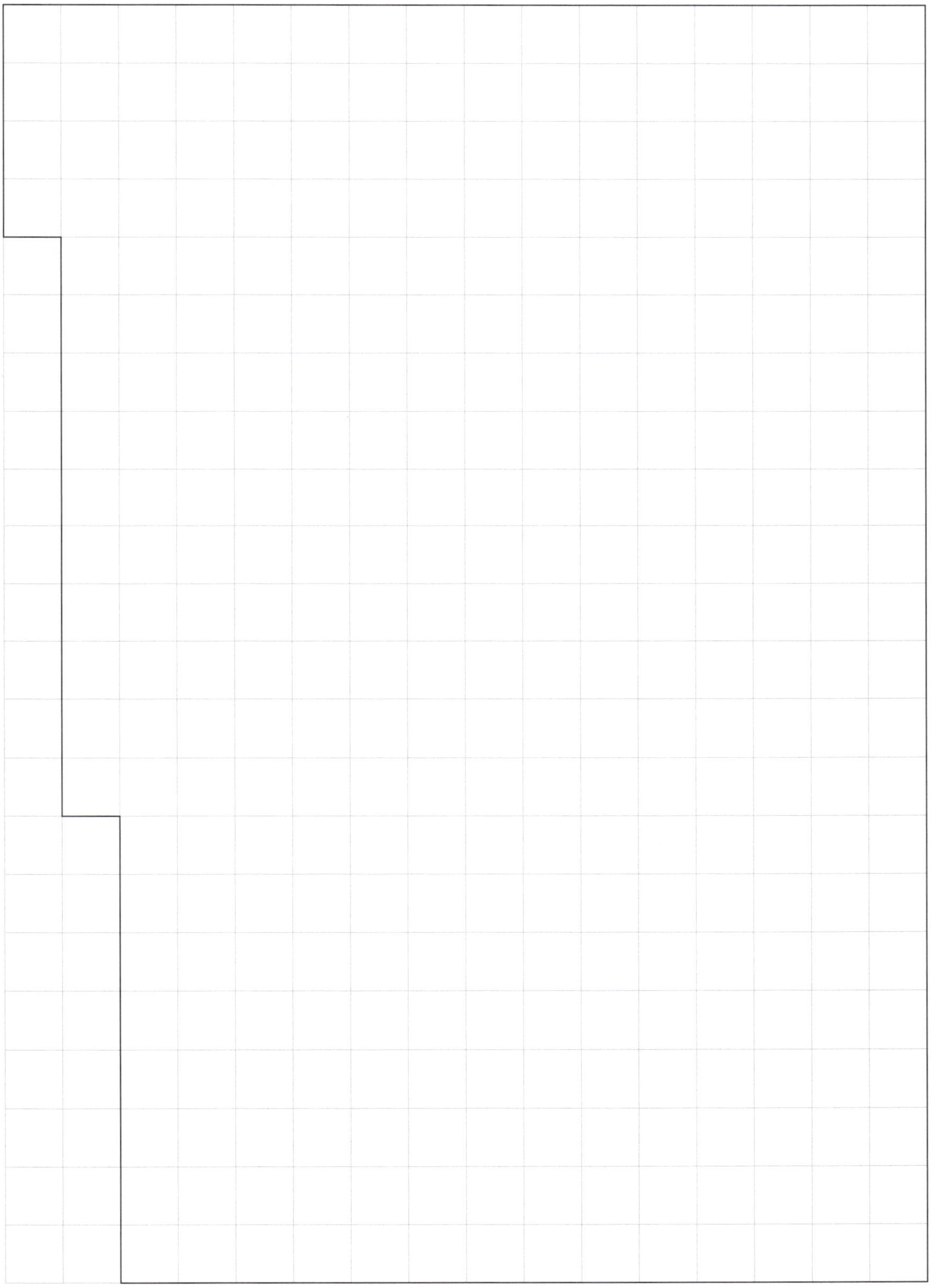

Arbeitsmaterial Elefantenställe

zu E3, S. 171, Kapitel „Lebensraum Zoo", *mathewerkstatt* Bd. 1 (Kl. 5)

Arbeitsmaterial Gehege für Streifenhörnchen

Ein Gehege für Streifenhörnchen hat die gegebenen Maße.
Ein Streifenhörnchenpaar soll 2 m² Gehegefläche zur
Verfügung haben.

Für wie viele Streifenhörnchenpaare reicht der Platz?

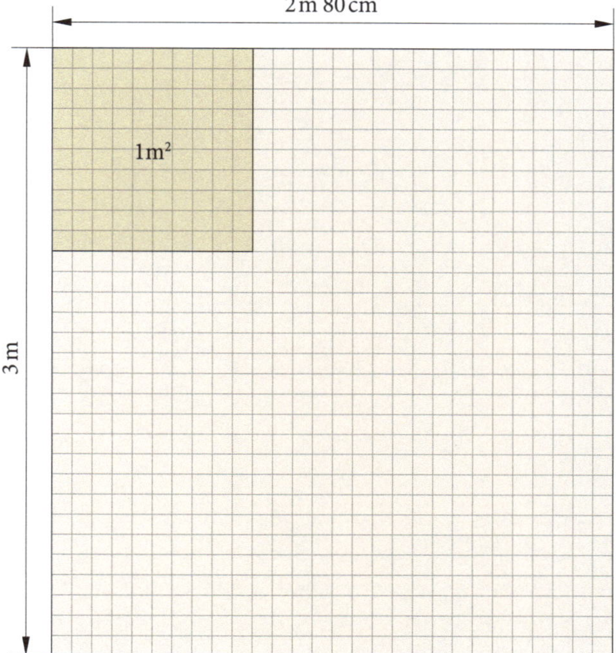

____

____

____

____

Ein anderes Gehege hat die gegebene ungewöhnliche Form.
Die dunkler hervorgehobene Fläche kennzeichnet das
Platzangebot für ein Streifenhörnchen, also 1 m².

Überprüfe, ob das Gehege den Platz für zwei
Streifenhörnchen bietet.

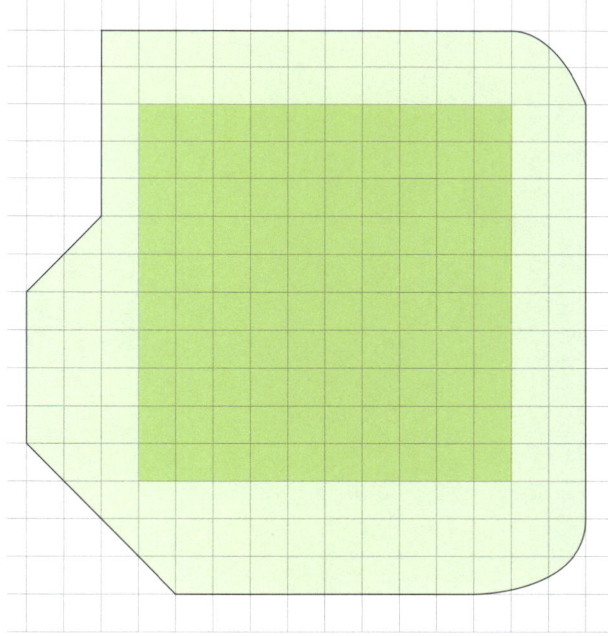

____

____

____

____

zu E4 und E5, S. 172, Kapitel „Lebensraum Zoo", *mathewerkstatt* Bd. 1 (Kl. 5)

Arbeitsmaterial   Flächenvergleich

Wähle zwei Flächen und vergleiche ihre Größe.

Schneide die Bilder hier aus und klebe sie in den Wissensspeicher „Flächen 2" (MB 95).

zu O1, S. 176, Kapitel „Lebensraum Zoo", *mathewerkstatt* Bd. 1 (Kl. 5)

Arbeitsmaterial   Zusammengesetzte Flächen

Berechne den Flächeninhalt der folgenden Flächen, indem du ergänzt bzw. geeignet zerlegst.

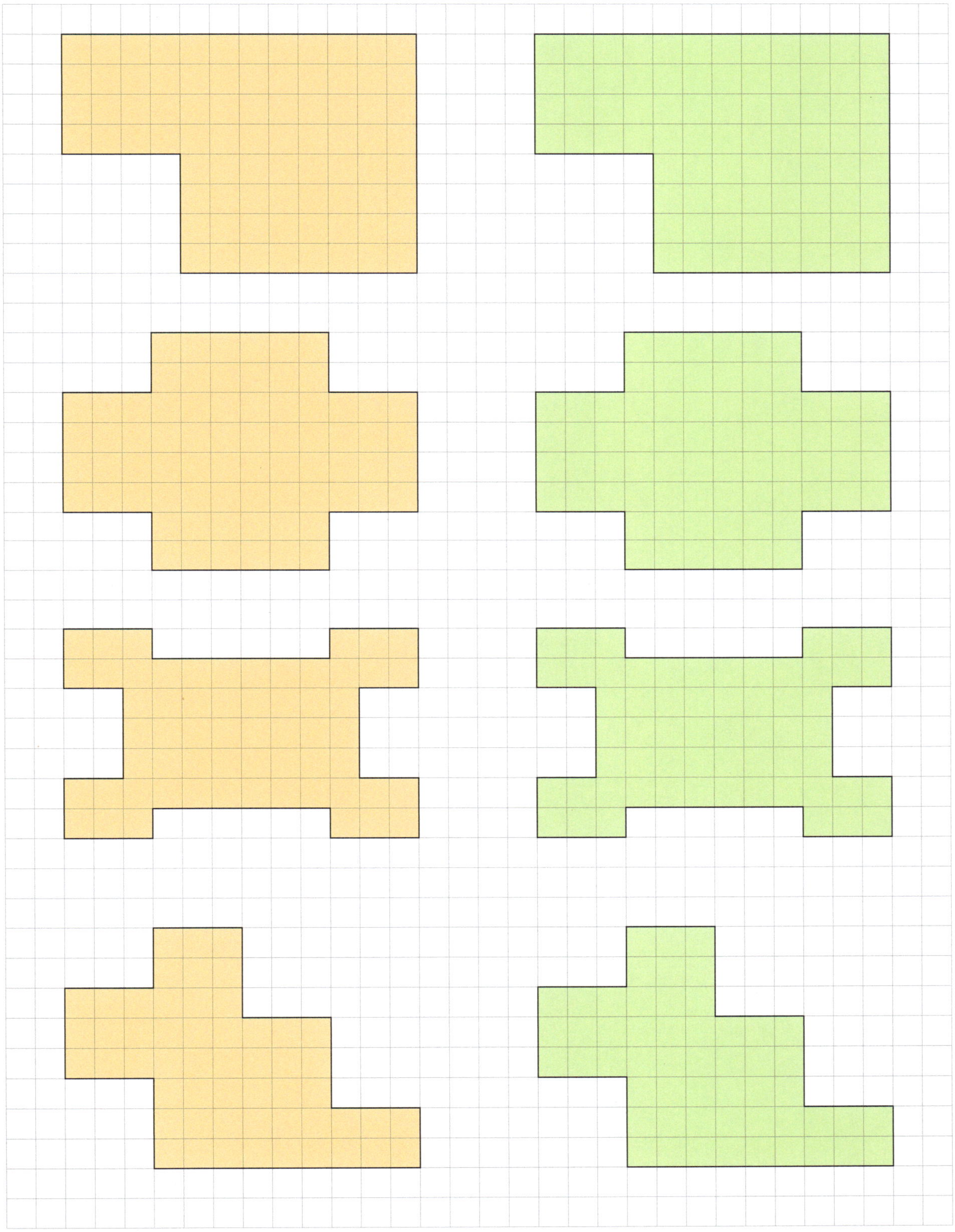

Arbeitsmaterial Wasserbecken

Ordne die Wasserbecken nach der Größe ihrer Wasserfläche.

①

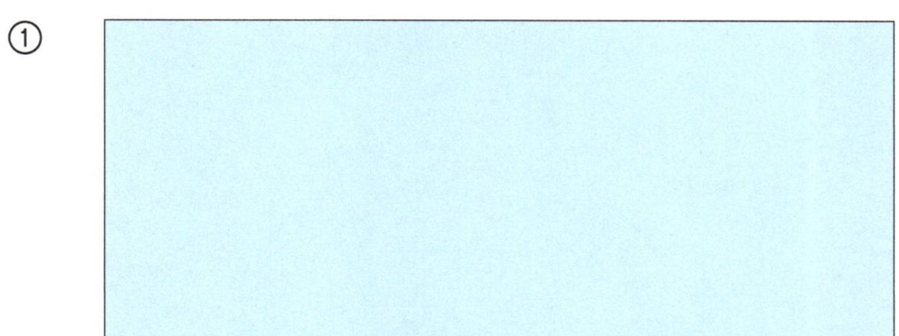

②

③

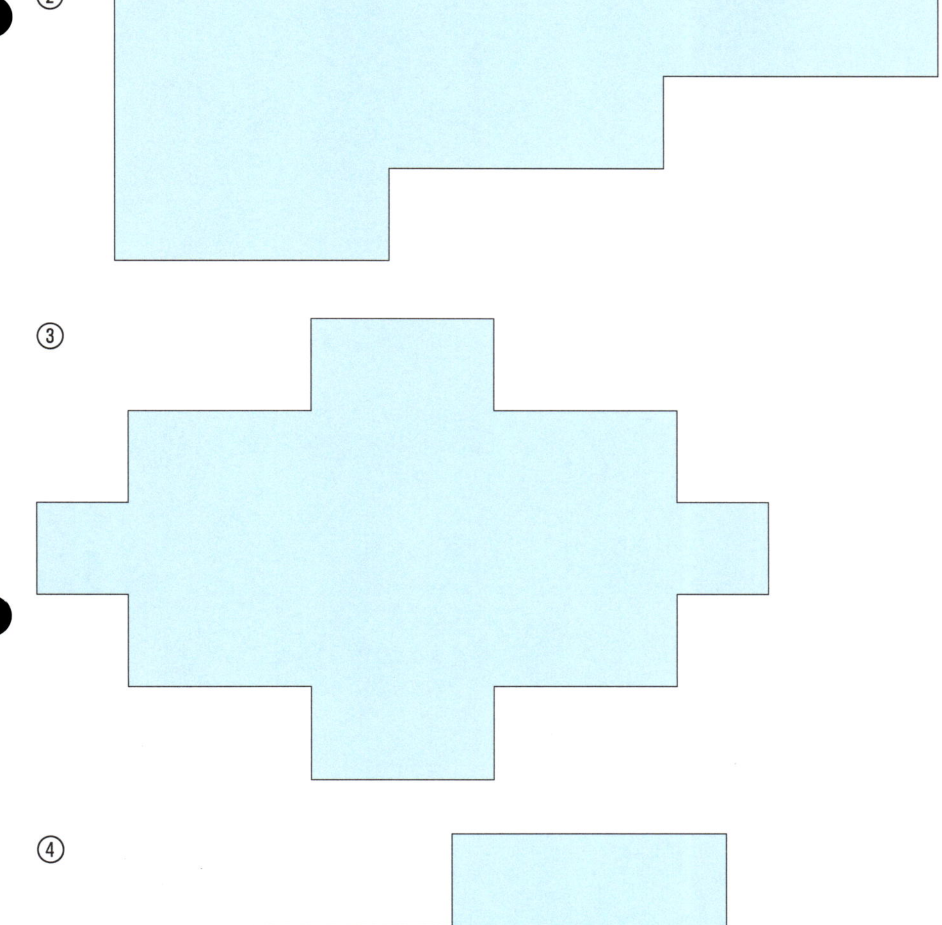

④

zu V1, S. 182, Kapitel „Lebensraum Zoo", *mathewerkstatt* Bd. 1 (Kl. 5)

Arbeitsmaterial   Löwenkäfige

Einem Löwen müssen mindestens 25 Quadratmeter zur Verfügung stehen.
Die folgenden Bilder stellen Käfige dar.
In welchen Käfigen darf ein Löwe gehalten werden?

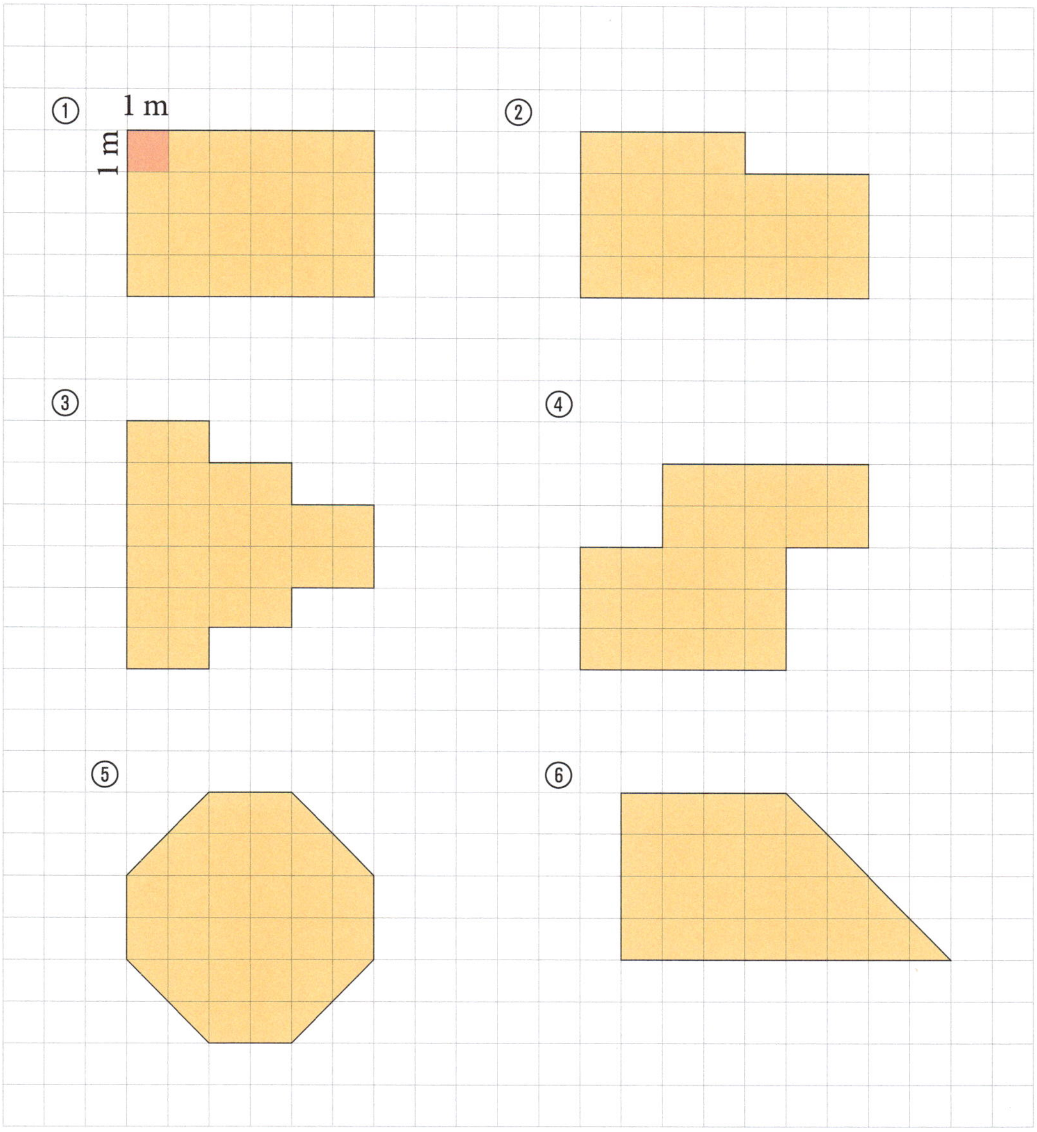

① 1 m   ②   ③   ④   ⑤   ⑥

____

____

____

____

____

zu V2, S. 182, Kapitel „Lebensraum Zoo", *mathewerkstatt* Bd. 1 (Kl. 5)

Arbeitsmaterial   Krummlinige Flächen abschätzen

Bei welchem der zwei Teiche ist die Wasserfläche größer?

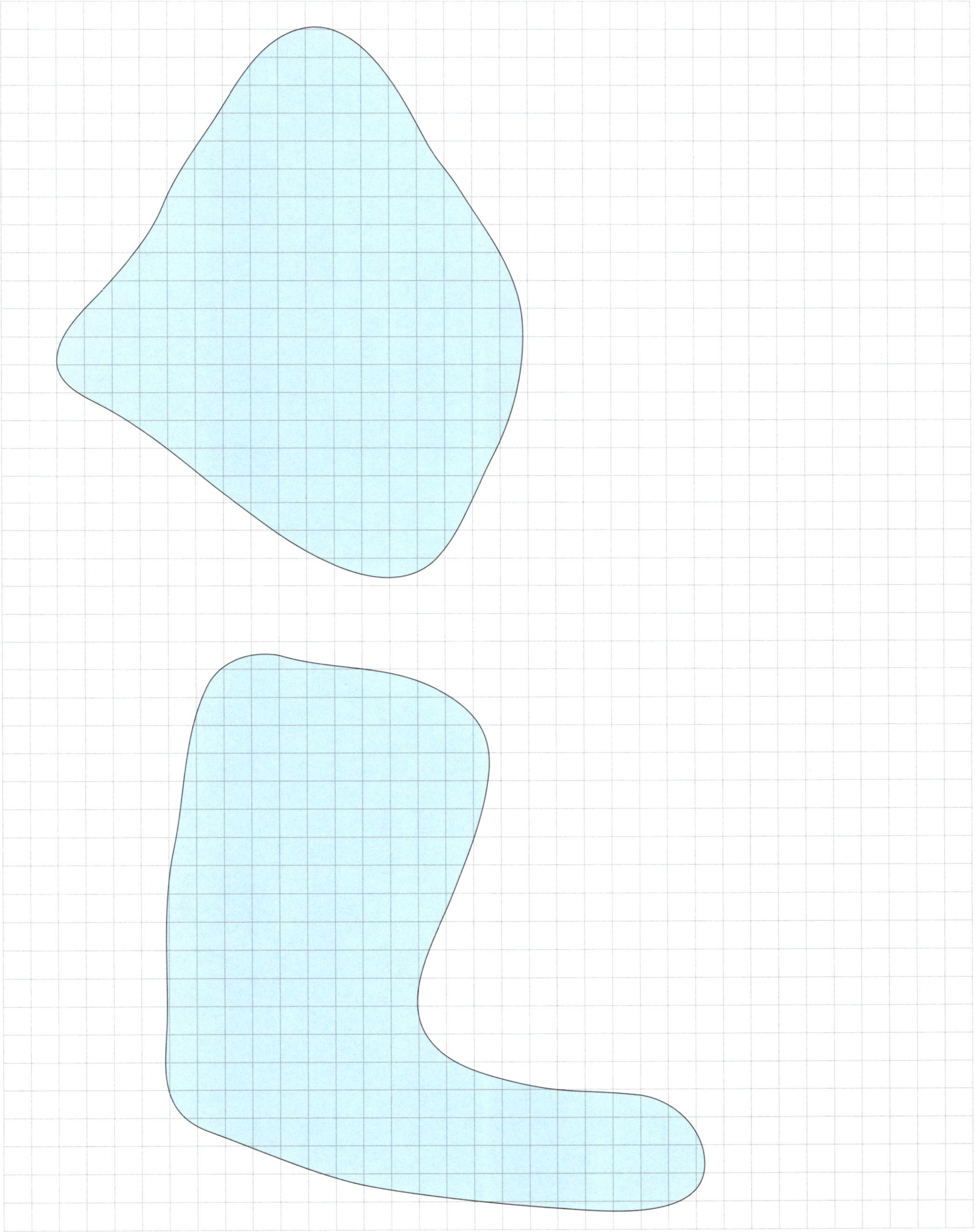

Arbeitsmaterial   **Krummlinige Flächen abschätzen**

Arbeitsmaterial   Figuren verändern

Zu jedem der folgenden Sätze passt eines der Bilder unten.
Finde das richtige Bild und überprüfe deine Auswahl durch messen und rechnen.

(1)   Die Form ist verschieden, aber der Flächeninhalt ist gleich.
(2)   Der Umfang hat sich verdoppelt.
(3)   Der Flächeninhalt hat sich verdoppelt.
(4)   Der Umfang ist gleich geblieben, aber der Flächeninhalt hat sich vergrößert.
(5)   Der Flächeninhalt ist gleich geblieben, aber der Umfang hat sich verringert.

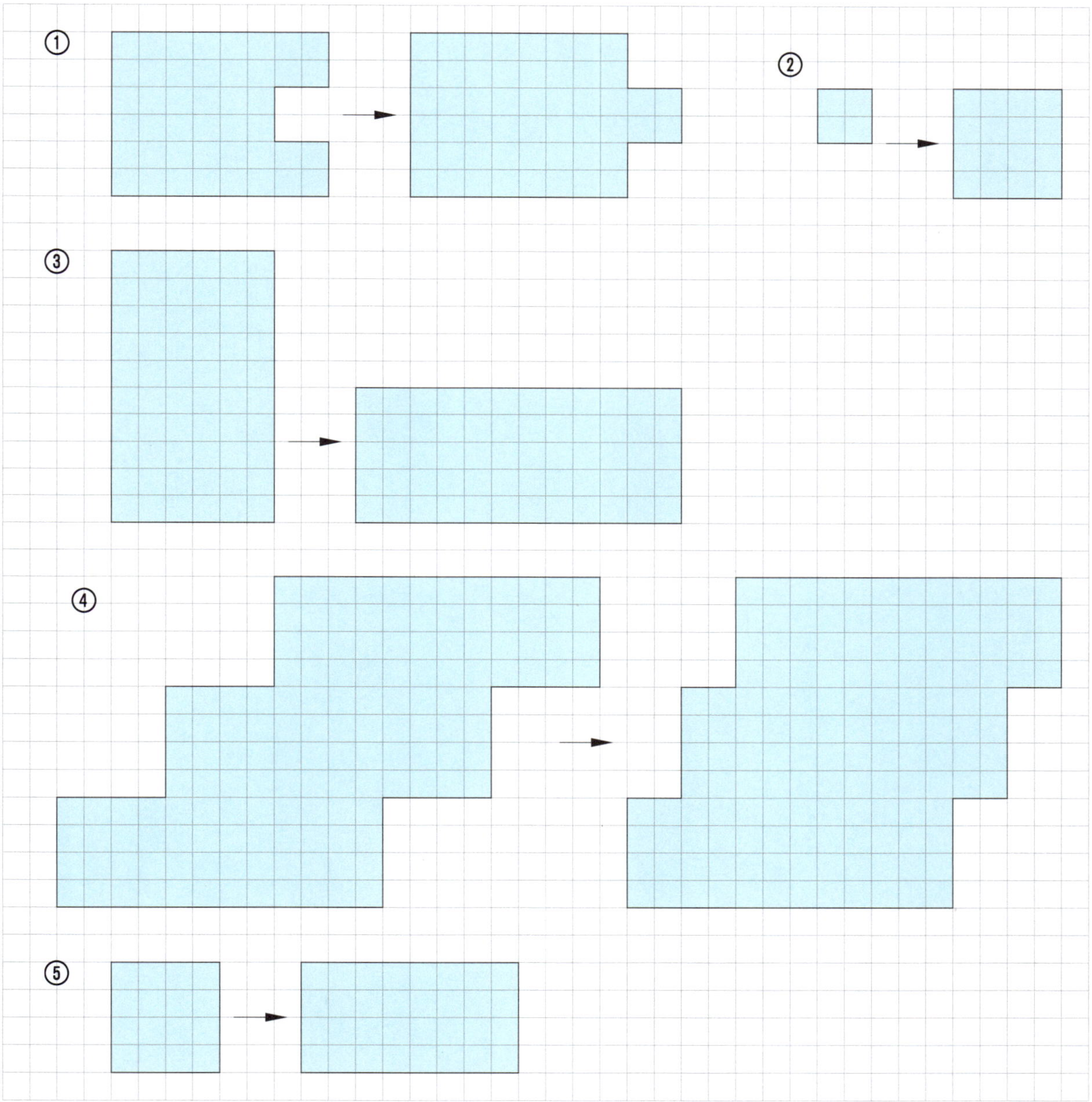

Arbeitsmaterial   Volumen schätzen

Schätze zuerst das Volumen jedes Körpers. Rechne dann nach.

① 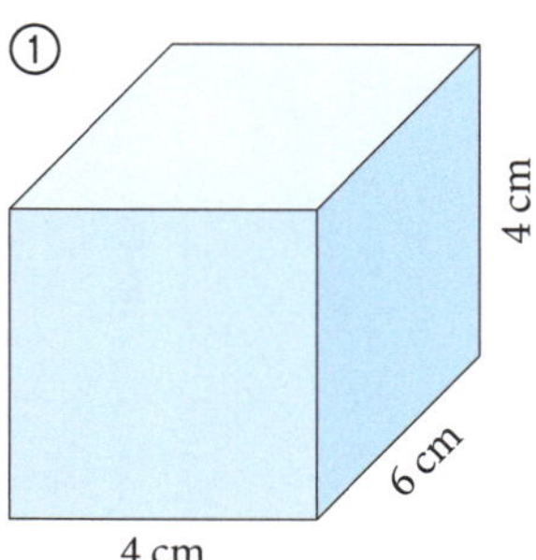

geschätztes Volumen: ______________

berechnetes Volumen: ______________

② 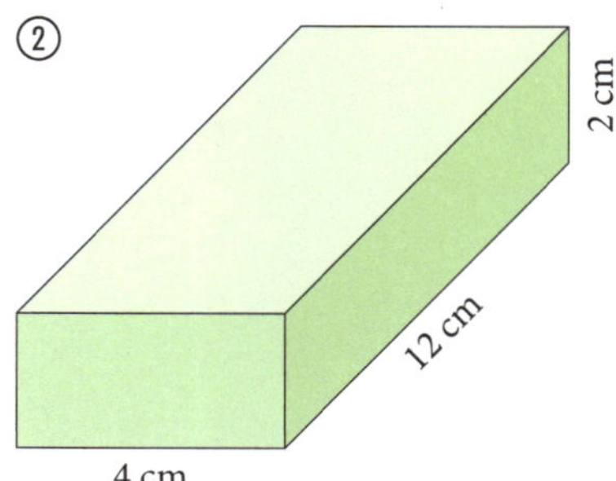

geschätztes Volumen: ______________

berechnetes Volumen: ______________

③ 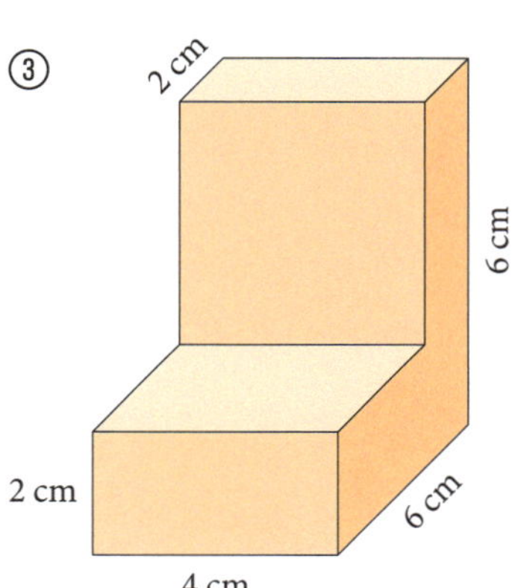

geschätztes Volumen: ______________

berechnetes Volumen: ______________

⑤ 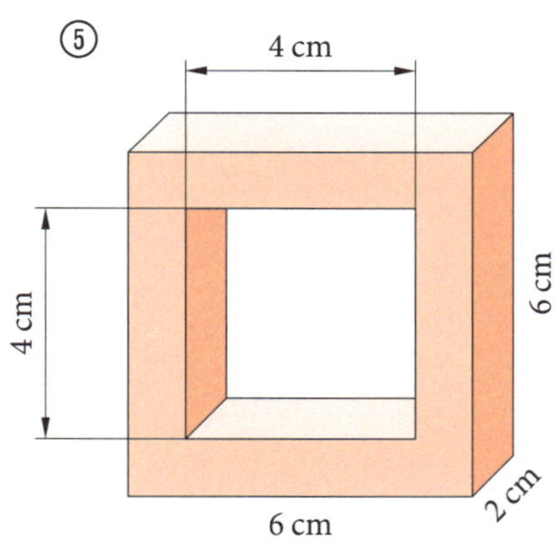

geschätztes Volumen: ______________

berechnetes Volumen: ______________

④ 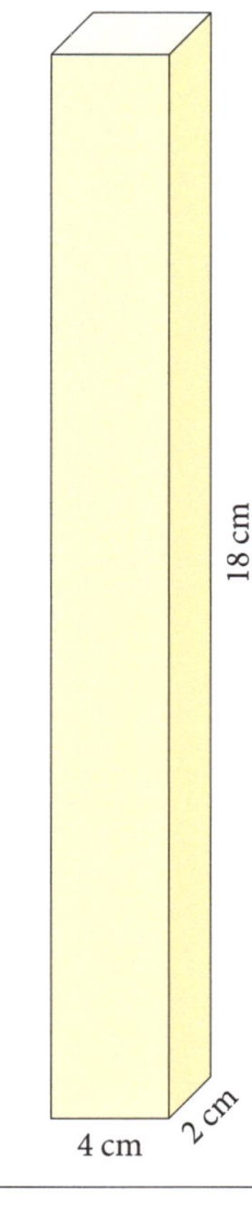

geschätztes Volumen: ______________

berechnetes Volumen: ______________

⑥ 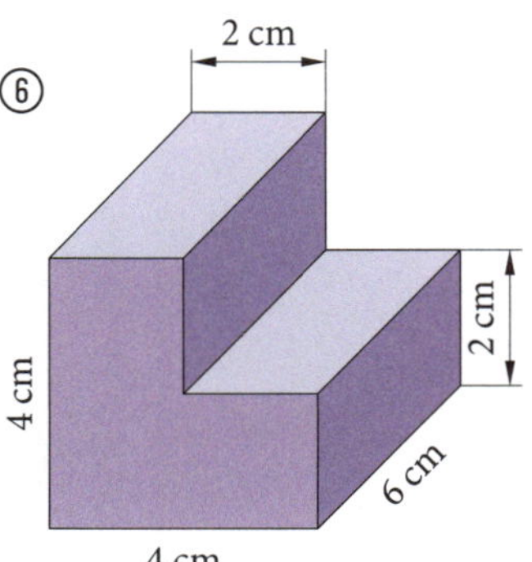

geschätztes Volumen: ______________

berechnetes Volumen: ______________

zu V27, S. 191, Kapitel „Lebensraum Zoo", *mathewerkstatt* Bd. 1 (Kl. 5)

Checkliste — Lebensraum Zoo – Flächen und Räume vergleichen

Ich kann … / Ich kenne …	So gut kann ich das …	Hier kann ich üben …
Ich kann durch Übereinanderlegen, Auslegen oder Zerlegen entscheiden, welche Fläche größer ist. Vergleiche die Flächen. Welche ist die größte? Welche Flächen sind gleich groß? ① ② ③	◎	S. 182 Nr. 1, 2, 3, 4
Ich kann den Flächeninhalt eines Rechtecks in Quadratmeter und in Quadratzentimeter bestimmen. 1 m 50 cm, 4 m Wie viele Quadratmeter hat diese Fläche? Wie viele Quadratzentimeter hat diese Fläche? Zeichne verschiedene Rechtecke mit dem Flächeninhalt 20 cm².	◎	S. 183 Nr. 7 S. 184 Nr. 8
Ich kann Flächeninhalte von zusammengesetzten Flächen durch Ergänzen oder Zerlegen bestimmen. Bestimme den Flächeninhalt dieser Figuren. ① ② 7 cm	◎	S. 184 Nr. 9, 10
Ich kenne verschiedene Flächeneinheiten und kann sie ineinander umrechnen. Nenne verschiedene Einheiten für den Flächeninhalt und finde jeweils ein passendes Beispiel für die Größe dieser Fläche. Rechne die Angaben in Quadratmeter (m²) oder Quadratzentimeter (cm²) um. (1) Tür: 2 m² (2) Poster: 10 000 cm² (3) Teppich: 6 m²	◎	S. 183 Nr. 5, 6 S. 185 Nr. 11, 12 S. 186 Nr. 13–15
Ich kann den Rauminhalt (das Volumen) eines Quaders bestimmen, indem ich mir vorstelle, den Körper in kleine Würfel zu zerlegen. Wie viele Kubikzentimeter enthält ein Würfel mit 2 cm Kantenlänge? Welche Maße kann ein Zimmer mit dem Volumen 20 m³ haben?	◎	S. 191 Nr. 27–29
Ich kenne verschiedene Volumeneinheiten und kann sie ineinander umrechnen. Wie viele Liter passen in 1 m³? Wie viele Liter passen in 50 m³?	◎	S. 192 Nr. 31, 32
Ich kann den Inhalt der Oberfläche eines Quaders berechnen. Wie viel Pappe benötigt man etwa, um diese Kiste zu bauen?	◎	S. 193 Nr. 33–36

zur Checkliste, S. 194, Kapitel „Lebensraum Zoo", *mathewerkstatt* Bd. 1 (Kl. 5)

Alte Zahlen, neue Zahlen – Schreibweisen von Zahlen untersuchen

Seiten im **Materialblock**:

▶ Wissensspeicher	ab Seite MB 114
▶ Arbeitsmaterial	ab Seite MB 116
▶ Checkliste	Seite MB 118

Wissensspeicher   Römische Zahlzeichen

Zahl und Maß

Wert	Zahlzeichen	Merkhilfe	
1	I		
			$I+I+I+I+I = V$

zu O1, S. 202, Kapitel „Alte Zahlen, neue Zahlen", *mathewerkstatt* Bd. 1 (Kl. 5)

Zahl und Maß

Wissensspeicher   Zahlenschreibweisen

So kann man römische Zahlen lesen

Regel	Beispiele
Stehen zwei oder mehr gleiche Zeichen nebeneinander, so werden sie addiert.	III = 3 Weitere Beispiele:
Steht ein Zeichen für eine kleinere Zahl hinter einem Zeichen für eine größere Zahl, so werden sie addiert.	XI = 11 Weitere Beispiele:
Abkürzungsregel: ______________________ ______________________ ______________________	IV = 4 Weitere Beispiele:

Beispiel für eine große römische Zahl:

$$MDCCCLXXIX = 1000 + \underline{\hspace{8cm}}$$

$$= \underline{\hspace{10cm}}$$

Besonderheiten bei Zahlensystemen

Das römische Zahlensystem ist ein Additionssystem, denn die einzelnen Zahlzeichen werden addiert.   Beispiel: ______________________

Unser Zahlensystem ist ein Stellenwertsystem.
Bei einem Stellenwertsystem hat eine Ziffer einen anderen Wert, wenn sie an einer anderen Stelle steht.   Beispiel: ______________________

Bei einem Stellenwertsystem ist es nützlich, ein Zeichen für die Null zu haben, sonst könnte es passieren, dass

____

______________________   Beispiel: 2000 und 200

Arbeitsmaterial   Römischer Abakus

Mit diesen Vorlagen kannst du Römische Zahlen am Römischen Abakus darstellen.

zu E4, S. 199, Kapitel „Alte Zahlen, neue Zahlen", *mathewerkstatt* Bd. 1 (Kl. 5)

Arbeitsmaterial   Römische Zahlzeichen

Schneide die Kärtchen aus und klebe sie in den Wissensspeicher „Zahlen 1" (MB 114) ein.

I	 1000 lateinisch **1000**	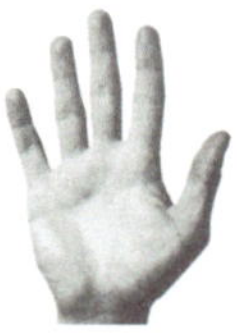 (Hand)	 (Hand)	 (Finger)	 Centum lateinisch **100**	D
X	V	C	M	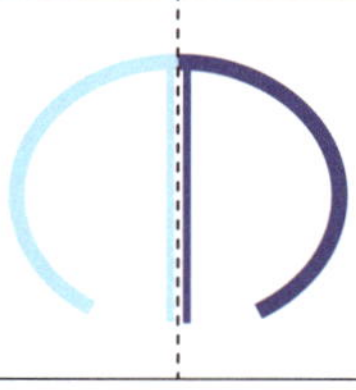 Ↄ	L	 Ɔ

Schneide die Kärtchen aus und lege zusammengehörende Kärtchen nebeneinander.

I	 lateinisch **1000**	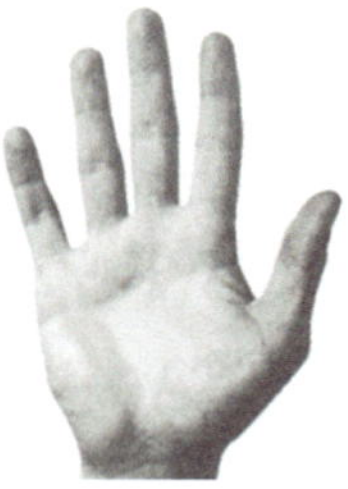 (Hand)	 (Hand)
X	V	C	M
L	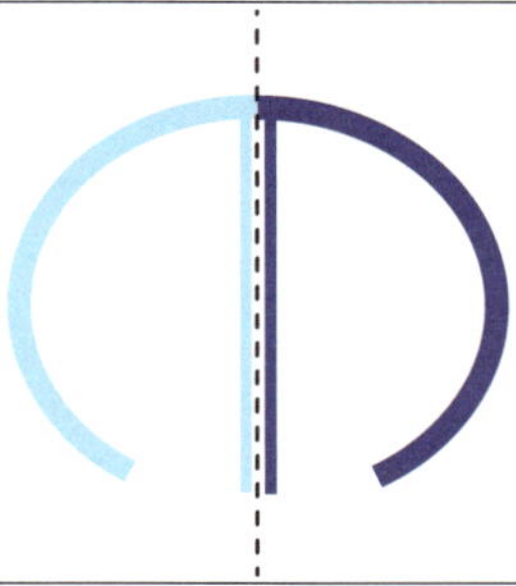 Ↄ	 Centum lateinisch **100**	D
 Ɔ	 (Finger)		

zu O1, S. 202, Kapitel „Alte Zahlen, neue Zahlen", *mathewerkstatt* Bd. 1 (Kl. 5)

Checkliste Alte Zahlen, neue Zahlen – Schreibweisen von Zahlen untersuchen

Ich kann … Ich kenne …	So gut kann ich das …	Hier kann ich üben …

Ich kann römische Zahlzeichen in Inschriften erkennen.
Schreibe alle römischen Zahlzeichen auf, die du in dieser Inschrift finden kannst.

S. 204 Nr. 1, 2
S. 205 Nr. 4

Ich kann römische Zahlen in unsere Schreibweise übersetzen.
Welches Jahr ist auf dieser Gedenktafel abgebildet?

S. 204 Nr. 2
S. 205 Nr. 4

Ich kann einfache Zahlen mit römischen Zahlzeichen schreiben.
Schreibe die Malfolge der Fünf mit römischen Zahlen.

S. 204 Nr. 2, 3

Ich kenne Gemeinsamkeiten und Unterschiede zwischen unserem und dem römischen Zahlensystem.
Vergleiche die Zahl 15 mit der römischen Zahl IV.
Was ist gleich? Was ist unterschiedlich?

S. 205 Nr. 6
S. 206 Nr. 10

Ich kann erklären, warum unsere heutige Schreibweise für große Zahlen praktischer als die römische Schreibweise ist.
Erkläre am Beispiel der Zahlenreihe 12, 120, 1200, 12 000 die Vorteile unseres Zahlensystems gegenüber dem römischen.

S. 205 Nr. 6

Ich kann am Beispiel erklären, warum die Null eine hilfreiche Erfindung ist.
Was kann passieren, wenn man keine Null hat? Gib ein Beispiel.

S. 206 Nr. 8, 9
S. 207 Nr. 11

Bildquellen

Titelbild:
Getty Images/Creative/Alexander Safonov

1 iStockphoto/Gerak
3 Fotolia/eyezoom1001
5 Fotolia/RoG
6, 14, 19 Cornelsen Verlag/Peter Hartmann
10 BildArt Volker Döring
24 stock.adobe.com/goce risteski
25 Ulla Schmidt
28 Corbis/Comet/Dennis Scott
33/1–4, 6–8 Fotolia/Prill Mediendesign, Elena Rap, Repin, Eric Isselée, Golombeck, Songserm Preecha, Bierde; /5 iStockphoto/Global Play
34/2, 3, 5, 6, 8, 10, 11 Fotolia/Eric Isselée, Bernard Breton, Andreas Meyer, Xaver Klausner, Robert Kneschke; /4, 7, 9, 12 iStockphoto/Global Play
35/1–4, 8, 9 Fotolia/Eric Isselée, Osterland, Conny Hage, K. U. Häußler, Otto Durst, Albert Schleich; Craftvisison; /5 Cornelsen Verlagsarchiv; /7 iStockphoto/Kaphoto; /10 bbuong; /12 iStockphoto/Global Play
36/1, 2 iStockphoto/Ziva-K, SDirk Ritschel; /8 itographer; /3–7 Fotolia/Creative Images, Pinkbird, montebello, Klaus Eppele, Carsten Stolze
39 Institut für Neurobiologie Universität Ulm/Dr. Mattias Wittlinger
40/1–4 Cornelsen Verlagsarchiv; /5, 6 Fotolia/Silver, Mellimage; /7 Okapia; /8 wikipedia/GNU 1.2/maksim
41 Wikipedia/GNU 1.2: /1 Malene Thyssen; /3 Diether; /4 PD Images John Walker; /9 Klaus F.; /10 Matti Parkkonen; Fotolia: /2 Michael Rosskothe; /5 Julius Kramer; /6 Eric Isselée; /7 U. S. Fish and Wildlife Service/ John and Karen Hollingsworth/Public Domain; /8 Cornelsen Verlagsarchiv
42 BildART Volker Döring
43/1, 4, 5, 6, 9 Fotolia/Klaasen, Kramer, Eisenhans, Corinna Hause, bufolux; /2 Ritter Sport AG/Pressebild; /3 Nordzucker AG/Pressebild; /7 Cornelsen Verlagsarchiv; /8 Tetrapak/Pressebild; /10 iStockphoto/Global Play
45/1, 2 Fotolia; /3 Cornelsen Verlagsarchiv; /4 iStockphoto/Global Play
46 Fotolia/Absalon; djemphoto; Bildpix; Graphikstart; /5 Tetrapak/Pressebild
47 Fotolia/Olga Nayashkova
59 Wikipedia/GNU 1.2/CC 3.0/Christian Spannagel/Renfield
77 Fotolia
78/1 Cornelsen Verlagsarchiv/Red. Biologie; /2 Corel Library/Cornelsen Verlag; /3 Fotolia/Maria P., /4 Slg. Peter Hartmann; /7 Fotolia/DocRaBe; Cornelsen Verlagsarchiv (7)
79/1–7 Fotolia/dipego; Hans-Jürgen Krahl; shooarts; Olga Drozdova; Kara-Kotsya; v. hafner; vlad-non; /8 Cornelsen Verlagsarchiv; /9–12 Fotolia/Polina Bobrik; Didem Hizar; Gisulo R.; goodstock
83 Mit frdl. Genehmigung LAZ Mönchengladbach/Joh. Gathen
84 Cornelsen Verlagsarchiv
93 Fotolia/Karim
94 Promofoto/ Sergej Bubka
102/1 Shutterstock.com/dezy /2 Shutterstock.com/Rosa Jay
100, 116, 117, 118 Cornelsen Verlagsarchiv